Vue.js：建置與執行
打造無障礙與高效能的網頁應用程式

Vue.js: Up and Running
Building Accessible and Performant Web Apps

Callum Macrae 著

陳健文 譯

目錄

前言

現今的前端開發已經跟以往不同。網站內容愈來愈豐富也更具互動性，身為前端開發者的我們需要持續往裡頭加入複雜的功能並使用功能更強大的工具。透過 jQuery 來更新網頁中的一小段文字一點都不難，不過，因為我們還需要做更多的事——更新網頁中更多、更具互動性的內容；處理複雜的狀態；運用客戶端路由；以及編寫並組織好更多的程式碼——使用 JavaScript 框架可以讓我們的工作輕鬆許多。

這裡所指的框架（*framework*）是一種 JavaScript 工具，讓開發者在建置內容豐富（rich）且互動性高的網站時，能輕鬆一些。框架內含功能，讓我們可以製作出功能完整的網頁應用程式（web application）：操作複雜的資料並將之顯示在網頁上、處理客戶端路由而不需要依賴伺服器，有時甚至可以讓我們建置出，只需要在初始下載階段與伺服器連線一次，就可以完整運作的網站。Vue.js 是最新流行的 JavaScript 框架，而且正迅速普及當中。Evan You，當時還在 Google 服務，在 2014 年初時編寫並釋出第一版的 Vue.js。本書編寫期間，這個專案在 GitHub 上已累積了 75,000 顆星，成為 GitHub 上獲得最多星之專案的第八名，而且數字仍持續在快速累積當中 [1]。Vue 有數以百計的協作者（collaborators），而且每天透過 npm 被下載的次數約 40,000 次。她內含對開發網站與應用程式有用的功能：能處理 DOM 與傾聽事件的強大樣版語法、資料更新後無須再更新樣版的高響應性，以及一些讓你能輕鬆地操作資料的功能。

---

[1]　在我開始編寫本書時，此專案在 GitHub 上已獲得 65,000 顆星。在你閱讀本書時，此專案所獲得的星星數可能已超過 75,000 顆了！

目標讀者

若你瞭解 HTML 與 JavaScript 並且想要透過框架的使用，將目前所學提升到下一個等級，本書就是為你而寫的。雖然本書並不要求你已能靈活運用 JavaScript，但我並不會對運用 Vue.js 功能的 JavaScript 範例程式碼，再多作解釋，所以對 JavaScript 有基本的概念是必須的。本書的範例程式碼都以 ECMAScript 2015 寫成，這是 JavaScript 最新的版本，涵蓋如 const、胖箭號（fat arrow）函式，以及解構（destructuring）等語言功能。若你不熟悉 ES2015，別擔心——有許多文章與資源可以幫你 [2]，而且大多數的範例程式碼都容易閱讀與瞭解。

若你有用過 React，本書也適合你，但請先讀附錄 B，其中對一些 Vue.js 概念與你熟悉的 React 寫法，有作比較與說明。

本書的結構

本書有 7 章與 2 個附錄：

第 1 章，*Vue.js*：基礎

第一章介紹 Vue.js 的基礎，即本書所要討論的主要技術。其中將說明它的安裝與引入網頁，以及如何運用它將資料顯示在網頁上的方法。

第 2 章，*Vue.js* 中的組件

Vue.js 允許——且鼓勵——你將程式碼分割成組件（components），如此你就能在碼庫（codebase）中重複運用這些組件。本章說明你可以怎麼做，以建立更容易瞭解與維護的碼庫。

第 3 章，以 *Vue* 處理樣式

本書其他章節所討論的是 HTML 與 JavaScript，但本章的主題則是討論製作網站的視覺元素。其中將說明 Vue 如何與 CSS 及樣式搭配，讓網站與應用程式更有型。其內建的輔助器功能（helper functionality）可幫助你處理樣式。

2　我推薦 Babel 網站上的 "Learn ES2015"（*https://babeljs.io/learn-es2015*）。

第 4 章，渲染函式與 JSX

若你曾看過許多 Vue 程式碼或讀過入門指南（Getting Started guide），除了你認識的樣版語法（templating syntax）外，Vue 亦支援自定的染渲函式，讓你可以使用 JSX。若曾用過 React 的話，你應該已熟悉這種語法。我會在本章中說明如何在 Vue 應用程式中使用 JSX。

第 5 章，以 vue-router 處理客戶端路由

Vue 本身只是一個視版層（view layer）。要建立不需要重新要求就能存取多重網頁的應用程式（用行話來說：即單網頁應用程式），你需要在網站中加入 vue-router，你可以透過它來處理路由——也就是說，它可以在特定路徑被要求時，將頁面導到需要被執行的程式碼與需要被顯示的內容上。本章將說明如何運用它的方法。

第 6 章，以 Vuex 進行狀態管理

在內含多層組件的複雜應用程式中，在各組件間傳遞資料可能會有點麻煩。Vuex 可讓你將管理應用程式狀態的工作，集中在一個地方處理。在本章中，我會說明如何運用它以方便地管理複雜應用程式狀態的方法。

第 7 章，測試 Vue 組件

至此，你已經學到要讓網頁運行所需要瞭解的內容了。不過，在未來維護網站時，你還需要能為網站編寫測試。本章說明如何運用 vue-test-utils 為你的 Vue 組件編寫單元測試，以確保它們不會在未來出問題。

附錄 A，架設 Vue

vue-cli 能讓你運用現成的樣版快速地架設出 Vue 應用程式。這份簡短的附錄說明它的運作方式並呈現一些範例作為示範。

附錄 B，從 React 轉 Vue

若你曾使用過 React，或許你已熟悉許多 Vue 的概念。這份附錄列出 Vue 與 React 二者間的某些異同。

風格指南

本書所列的範例依循 Vue 官方風格指南（Vue Style Guide）所強調的編寫原則。在你瞭解 Vue 之後，可能需要進行規模較大的程式專案或者需要與其他人員合作。我建議你閱讀這份風格指南並依循其上所列的原則。

你可以在 Vue.js 的網站（*https://vuejs.org/*）上，找到這份風格指南。

本書編排慣例

下列為本書的編排慣例：

斜體字（*Italic*）
　　用來表示新術語、URL、電郵信箱、檔案名稱與附加檔名。中文以楷體表示。

定寬字（Constant width）
　　用來列示樣式碼或在段落中表示如變數或函式名稱、資料庫、資料型別、環境變數、敘述與關鍵字等程式元素。

定寬粗體字（**Constant width bold**）
　　用來表示應由使用者輸入的指令或其他文本。

定寬斜體字（*Constant width italic*）
　　用來表示應由使用者提供或取決於情境的值。

 用來表示技巧或建議。

 用來表示一般性的註記。

 用來表示警告或注意事項。

範例程式碼

本書的補充素材（如範例程式碼與練習等）可在 *https://resources.oreilly.com/examples/0636920103455* 下載。

本書用來協助你完成工作。通常，若本書提供範例程式碼，你就可以在程式或文件中使用。除非你重製了相當數量的程式碼，否則並不需與我們聯繫以取得許可。比方說，若你在程式中用了幾段本書所列的程式碼，這並不需要取得我們的許可。販售或發行集結 O'Reilly 書籍範例的 CD-ROM，則需要取得我們的許可。引用本書並列示其中的範例程式碼以答問，並不需要取得許可。但在產品文件中搭配列示了本書大量的範例程式碼，則必須取得我們的許可。

我們感謝你標示引用資料來源，但這並不是必要的。來源的標示通常會包括書名、作者、出版商以及 ISBN。如 *"Vue.js: Up and Running by Callum Macrae (O'Reilly). Copyright 2018 Callum Macrae, 978-1-491-99724-6."*。

若你認為運用範例程式碼的方式沒有列在上述說明或許可範圍中，請透過 *permissions@oreilly.com* 電子信箱與我們聯繫。

致謝

首先，向我的所有朋友致歉並表達謝意，在編寫本書的過程中，怠慢了大家。現在本書已完成，我會再與大家聯絡。

特別感謝 Michelle，對我這麼好，對音樂也有不錯的品味。

在此要鄭重地感謝 Vepsalainen 與 Rob Pemberton。謝謝二位在編寫 React 範例時的協助。我已經有一陣子沒有寫 React 了，感謝二位的協助！也要感謝在我寫作時不斷提供想法、字句與在牆上貼文提醒我的朋友：像 Sab、Ash、Alex、Chris、Gaffen 與 Dave 等朋友。

感謝 O'Reilly Media 所有讓本書得以出版的朋友，還有 Chris Fritz、Jakub Juszczak、Kostas Maniatis 以及 Juan Vega，你們為本書提供了不少技術上的建議，我從中學到許多。

Vue.js：基礎

如同前言所說的，Vue.js 是一套程式庫，其位於一個生態體系的核心，而這個體系可以讓我們做出強而有力的客戶端應用。我們並不需使用此生態體系所提供的全部功能才能建造網站，所以我們先從 Vue 本身開始。

為何要用 Vue.js ？

若不運用框架（framework），我們的應用程式最終會變成一堆無法維護的程式碼。其實大部分所要處理的事，框架都可以幫我們處理。以下列二個範例來作說明。這二支範例程式的功用都是從一個 Ajax 資料來源下載一份列表中的資料項目，然後在網頁中將之顯示出來。第一個範例所使用的是 jQuery，而第二個範例則使用 Vue。

透過 jQuery，我們下載資料項目、選取 ul 元素，然後，若有下載到資料項目則逐項循環，接著手動建立一個列表元素，需要的話，加進 is-blue 樣式類別，然後將項目資料設定成其中的文字。最後加進 ul 元素中：

```
<ul class="js-items"></ul>

<script>
  $(function () {
    $.get('https://example.com/items.json')
      .then(function (data) {
        var $itemsUl = $('.js-items');

        if (!data.items.length) {
          var $noItems = $('li');
          $noItems.text('Sorry, there are no items.');
          $itemsUl.append($noItems);
```

```
      } else {
        data.items.forEach(function (item) {
          var $newItem = $('li');
          $newItem.text(item);

          if (item.includes('blue')) {
            $newItem.addClass('is-blue');
          }

          $itemsUl.append($newItem);
        });
      }
    });
  });
</script>
```

這段程式碼做了下列工作：

1. 使用 **$.get()** 發出 Ajax 要求。

2. 選取符合 **.js-items** 的元素，並將之存進 **$itemsUl** 物件中。

3. 若下載的列表中沒有任何項目，則建立 **li** 元素，將 **li** 元素中的文字設定成沒有項目的說明文字，再將之加進文件（document）中。

   若列表中有項目存在，則在迴圈中逐一進行循環。

4. 為列表中的每一個項目，建立一個 **li** 元素，並將其中的文字設定成項目中的資料。接著，若項目中含有 **blue** 字串，則將該元素的樣式類別設定成 **is-blue**。最後將這個元素加進文件中。

每一個步驟都要手動來完成——每一個元素都要個別建立出來並加到文件中。我們要看過所有程式碼，才能弄懂它到底做了些什麼，它的功用沒辦法一眼就能看出來。

透過 Vue，具相同功能的程式碼則更容易閱讀與瞭解——既使你現在還不熟悉 Vue：

```
<ul class="js-items">
  <li v-if="!items.length">Sorry, there are no items.</li>
  <li v-for="item in items" :class="{ 'is-blue': item.includes('blue') }">
    {{ item }}</li>
</ul>
<script>
  new Vue({
    el: '.js-items',
    data: {
```

```
    items: []
  },
  created() {
    fetch('https://example.com/items.json')
      .then((res) => res.json())
      .then((data) => {
        this.items = data.items;
      });
  }
});
</script>
```

這段程式碼做了下列工作：

1. 用 fetch() 發出 Ajax 要求。

2. 將 JSON 格式的回應資料解析成 JavaScript 的物件。

3. 將下載的項目存在 items 資料屬性中。

這就是這段程式碼實際上的邏輯。現在這些資料項目已被下載並儲存好了，我們可以透過 Vue 的樣版功能，將這些元素寫進 Document Object Model （DOM）中，這個模型就是 HTML 網頁顯示資料的模型。我們跟 Vue 說，每一個項目需要一個 li 元素，其值應為 item。Vue 就會建立元素並為我們設定樣式類別。

先別擔心還無法完全瞭解這段範例程式。我會把步調放慢，並一一在本書中介紹這些概念。

透過將程式邏輯與視版（view）邏輯完全分開，第二段範例程式不僅明顯較短，讀起來也容易許多。與其要瞭解 jQuery 在何時加了什麼東西進來，我們可以直接看樣版：若沒有資料項目需要顯示，則呈現警告訊息；否則各資料項目就會以列表元素的方式呈現在網頁中。這種差別在較大型的程式中更容易被看出來。試想我們要在網頁中加進一個可傳送要求給伺服器的重新整理（reload）按鈕，以 Vue 的範例來說，只要加進幾行程式碼就可以了，但若要以 jQuery 來實作，則會複雜許多。

除了 Vue 框架的核心外，有許多程式庫可以與 Vue 搭配，這些程式庫也是由維護 Vue 的同一組人在維護。在路由（routing）——依據應用程式的 URL 顯示不同的內容——方面，有 vue-router 可用。在狀態管理——透過一全域儲存區分享資料給不同組件——方面，有 vuex 可用。在 Vue 組件的單元測試方面，則有 vue-test-utils。稍後我會在本書中介紹並說明這三個程式庫：vue-router 在第 5 章介紹，vuex 在第 6 章，而 vue-test-utils 則在第 7 章說明。

安裝與設定

安裝 Vue 並不需要任何特別的工具。照底下這樣子寫就行了：

```
<div id="app"></div>
<script src="https://unpkg.com/vue"></script>
<script>
  new Vue({
    el: '#app',
    created() {
      // 這裡的程式碼會在啟動時執行
    }
  });
</script>
```

上列範例包含三個重要的東西。首先，有一個 ID 為 app 的 div，這是為 Vue 進行初始化的地方——有一些因素，我們不能在 body 元素上進行初始化。接著將 Vue 的 CDN[1] 版下載進網頁中。你可以使用 Vue 的本地端複本，但為了簡單化，現在我們先用這種方式。最後則是執行我們自己的 JavaScript，也就是建立一個 Vue 的實例，並設定其中的 el 屬性，讓它指到前述的 div 上。

這種方式很適合簡單的網頁，不過若網頁開始變複雜，或許你想要透過像 webpack 這類的打包器（bundler）來做。先不說別的，用打包器來做可讓你用 ECMAScript 2015（及以上）來編寫 JavaScript，在一個檔案中寫好一個組件並將組件匯入到其他組件中使用，也可以編寫特定組件專屬的 CSS 樣式（第 2 章會談到更多關於這方面的細節）。

vue-loader 與 webpack

vue-loader 是一個供 webpack 使用的載入器（loader），它可讓你將一個組件所需的所有 HTML、JavaScript 與 CSS 編寫進一個檔案中。我們會在第 2 章中探索它的功能，現在你只需知道如何把它安裝好就行了。若你已經有設定好的 webpack 或有偏好的 webpack 樣版，則可透過 npm 安裝 vue-loader 的方式將它安裝好。接著將底下的程式碼加進 webpack 載入器組態（configuration）中：

1　內容傳遞網路（content delivery network，CDN）架設在世界各地的伺服器上，讓內容可以迅速地傳遞。CDN 有助於開發與快速雛型製作，不過在產品版上使用 unpkg 前，你應該要再研究看看它是否適合於你的應用。

```
module: {
  loaders: [
    {
      test: /\.vue$/,
      loader: 'vue',
    },
    // ... 其他的載入器 ...
  ]
}
```

若你還沒有設定好的 webpack 或者還在掙扎怎麼加進 vue-loader，別擔心！我也沒有從頭開始設置 webpack 過。你可以透過一個已安裝有 vue-loader 的 webpack 現成樣版，來建置你的 vue 專案。用 vue-cli 來進行：

```
$ npm install --global vue-cli
$ vue init webpack
```

接著你需要回答一串問題，如專案名稱與需要哪些依賴模組包等，回答這些問題之後，vue-cli 就會為你建置好一個基本的專案：

```
> vue init webpack

? Generate project in current directory? Yes
? Project name vue-test
? Project description A Vue.js project
? Author Callum Macrae <callum@macr.ae>
? Vue build standalone
? Install vue-router? No
? Use ESLint to lint your code? No
? Setup unit tests with Karma + Mocha? No
? Setup e2e tests with Nightwatch? No

   vue-cli · Generated "vue-test".

   To get started:

     npm install
     npm run dev

   Documentation can be found at https://vuejs-templates.github.io/webpack
```

現在就試試看，然後按照它顯示的說明啟動伺服器。

恭喜——你已設置好第一個 Vue 專案了！

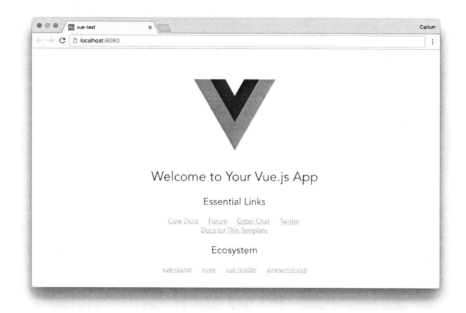

你可以看看其所產生的檔案，瞭解它幫你做了什麼事。大部分重要的東西都產生在 *src* 檔案夾下的 *.vue* 檔案中。

樣版、資料與指令

Vue 的核心是如何將資料呈現在網頁上的一種方法，而這項工作要透過樣版（*templates*）來完成。一般的 HTML 可透過特殊的屬性——稱為指令（*directives*）——來編寫，我們用這些指令告訴 Vue 要做哪些工作，以及要對我們所提供的資料作哪些處理。

我們直接看範例。底下的範例會在上午顯示 "Good morning!"，在下午 6 點前顯示 "Good afternoon!"，之後則顯示 "Good evening!"：

```
<div id="app">
  <p v-if="isMorning">Good morning!</p>
  <p v-if="isAfternoon">Good afternoon!</p>
  <p v-if="isEvening">Good evening!</p>
```

```
    </div>
    <script>
      var hours = new Date().getHours();

      new Vue({
        el: '#app',
        data: {
          isMorning: hours < 12,
          isAfternoon: hours >= 12 && hours < 18,
          isEvening: hours >= 18
        }
      });
    </script>
```

我們先看最後的部分：即 data 物件。它是我們要 Vue 在樣版中顯示的資料。我們設定了它的三個屬性 —— isMorning、isAfternoon 以及 isEvening，視所處時間不同，其中有一項條件為真，另外二項為假。

接著，在樣版中，依據變數值，我們使用 v-if 指令來判斷該顯示三句問候語的哪一句。只有在傳進 v-if 的變數值為真時，該項問候語才會被顯示；否則該元素不會被寫進網頁。若時間是 2:30 p.m.，輸出的網頁內容如下：

```
    <div id="app">
      <p>Good afternoon!</p>
    </div>
```

雖然 Vue 具有響應式功能 (reactive functionality)，上述範例並不具響應性，網頁內容也不會隨著時間的改變而更新。稍後我們會就響應性進行更詳細的說明。

雖然有許多跟上例重複的碼，我們來試著將程式改寫：將時間設定給 data 變數，然後在樣版中運用比較邏輯。運氣還不錯，我們可以這樣子來改！ Vue 會對 v-if 中的運算式求值：

```
    <div id="app">
      <p v-if="hours < 12">Good morning!</p>
      <p v-if="hours >= 12 && hours < 18">Good afternoon!</p>
      <p v-if="hours >= 18">Good evening!</p>
    </div>
    <script>
      new Vue({
        el: '#app',
```

```
    data: {
      hours: new Date().getHours()
    }
  });
</script>
```

以這種方式來寫碼，將商業邏輯放在 JavaScript 中，將視版邏輯放在樣版中，我們一眼就可以看出網頁中將顯示的內容會是什麼。比起讓程式中的一些元素跟負責決定什麼該顯示什麼該隱藏的 JavaScript 遠離，這樣的寫法要好很多。

待會兒，我們會介紹計算屬性（computed properties），透過計算屬性，我們可以讓上列的程式碼再更簡潔一些——它有不少重複的部分。

除了使用指令之外，我們也可以透過插值（interpolation）的方式，將資料傳遞給樣版，如下：

```
<div id="app">
  <p>Hello, {{ greetee }}!</p>
</div>
<script>
  new Vue({
    el: '#app',
    data: {
      greetee: 'world'
    }
  });
</script>
```

輸出的網頁內容如下：

```
<div id="app">
  <p>Hello, world!</p>
</div>
```

我們也可以結合二者，使用指令與插值顯示那些已定義或有用的文字。試試看能否猜出下列程式碼會在網頁上輸出什麼：

```
<div id="app">
  <p v-if="path === '/'">You are on the home page</p>
  <p v-else>You're on {{ path }}</p>
</div>
<script>
  new Vue({
    el: '#app',
    data: {
```

```
      path: location.pathname
    }
  });
</script>
```

location.pathname 是網頁 URL 中的路徑部分，因此，使用者處於網站首頁時，它會是
"/"，處於網站的其他位置時，它可能會是 "/post/1635"。上例說明了它會用 v-if 指令
來判斷你目前的位置是否是在首頁，它會檢測 path 是否等於 "/"（若是，使用者目前瀏
覽的就是網站的首頁），接著我們引入新的指令，v-else。它很簡單：當它被用在帶有
v-if 的元素之後時，其功用就會跟 if-else 敘述中的 else 一樣。第二個元素會在第一個
元素的判斷條件不為真時顯示在網頁上。

如你所看到的，除了可以傳遞字串與數值之外，也可以將其他型別的資料傳進樣版中。
因為我們可以在樣版中執行簡單的運算式，故可以將陣列或物件傳進樣版中，然後再搜
尋個別的屬性或項目：

```
<div id="app">
  <p>The second dog is {{ dogs[1] }}</p>
  <p>All the dogs are {{ dogs }}</p>
</div>
<script>
  new Vue({
    el: '#app',
    data: {
      dogs: ['Rex', 'Rover', 'Henrietta', 'Alan']
    }
  });
</script>
```

底下是其所輸出的網頁內容：

```
The second dog is Rover

All the dogs are [ "Rex", "Rover", "henrietta", "Alan" ]
```

如你所看到的，若你將整個陣列或物件輸出到網頁上，Vue 會輸出 JSON 編碼過的值到
網頁上。進行除錯時，與其用紀錄（logging）的方式將訊息輸出到主控台，直接輸出到
網頁上可能更好用，因為顯示在網頁上內容會跟著該值的改變而改變。

v-if 對 v-show

你已經看到 v-if 可以用來顯示或隱藏一個網頁元素了，但它是怎麼運作的，而它跟相近的 v-show 又有何不同？

若 v-if 指令所計算出的值為假[2]，則該元素不會輸出到 DOM 中。

底下的 Vue 樣版

```
<div v-if="true">one</div>
<div v-if="false">two</div>
```

會產生如下的輸出：

```
<div>one</div>
```

比較運用 CSS 來顯示或隱藏元素的 v-show。

底下的 Vue 樣版

```
<div v-show="true">one</div>
<div v-show="false">two</div>
```

會產生如下的輸出：

```
<div>one</div>
<div style="display: none">one</div>
```

你的使用者會（或許）看到同樣的結果，但二者間還存有其他的影響與差異。

首先，因為透過 v-if 而被隱藏起來的元素並不需要顯示，Vue 並不會為它產生 HTML；但若使用的是 v-show 就不是如此。也就是說 v-if 比較適合用來隱藏還未被下載的資料。

底下的範例會拋出錯誤：

```
<div id="app">
  <div v-show="user">
    <p>User name: {{ user.name }}</p>
  </div>
</div>

<script>
  new Vue({
```

2　假值（falsy value）表其值為 false、undefined、null、0、"" 或 NaN 的值。

```
      el: '#app',
      data: {
        user: undefined
      }
    });
  </script>
```

會產生錯誤的原因是 Vue 試著計算 user.name——一個不存在之物件的屬性。若在同樣的範例中改用 v-if，則程式運行正常，因為在 v-if 敘述為真前，Vue 不會試著去產生元素內的資料。

此外，還有二個條件判斷指令與 v-if 相關：即 v-else-if 與 v-else。它們的行為跟你所預期的很類似：

```
<div v-if="state === 'loading'">Loading.../div>
<div v-else-if="state === 'error'">An error occurred</div>
<div v-else>...our content!</div>
```

第一個 div 會在 state 等於 loading 時顯示，第二個則會在 state 等於 error 時顯示，而第三個會在其他情況下顯示。同一個時間點只有一個元素會被顯示出來。

好，看完這些之後，還有人會要用 v-show 嗎？

使用 v-if 會增加效能的成本。每次有元素被新增或移除時，潛藏於下的 DOM 樹都需要重新再被產生，這項工作有時會很繁重。v-show 除了初始化的成本外，並不需要再負擔這種成本。如果你預期到某些東西會頻繁地變動，則 v-show 會是比較好的選擇。

還有，若元素裡頭包含影像，則僅使用 CSS 來隱藏父層級元素可以讓瀏覽器事先下載之後將顯示的影像，也就是說，當 v-show 的值變成真時，影像立刻可以被顯示出來。若不這樣處理，影像在要被顯示之前，才會開始下載。

樣版中的迴圈

另一個我自己常用的指令是 v-for，它會對陣列或物件的元素進行循環，將元素多次輸出。請見下列範例：

```
<div id="app">
  <ul>
    <li v-for="dog in dogs">{{ dog }}</li>
  </ul>
</div>
```

```
<script>
  new Vue({
    el: '#app',
    data: {
      dogs: ['Rex', 'Rover', 'Henrietta', 'Alan']
    }
  });
</script>
```

上列程式會將陣列中的每一個項目輸出到網頁中的 list 元素中，如下：

```
<div id="app">
  <ul>
    <li>Rex</li>
    <li>Rover</li>
    <li>Henrietta</li>
    <li>Alan</li>
  </ul>
</div>
```

v-for 指令也能與物件搭配。考慮下列範例，它會接收一個內含幾個城市平均租金的物件，並將它們輸出到網頁上：

```
<div id="app">
  <ul>
    <li v-for="(rent, city) in averageRent">
      The average rent in {{ city }} is ${{ rent }}</li>
  </ul>
</div>
<script>
  new Vue({
    el: '#app',
    data: {
      averageRent: {
        london: 1650,
        paris: 1730,
        NYC: 3680
      }
    }
  });
</script>
```

因為我們也要取得鍵（key）的緣故，這裡的語法有些不同──只在網頁上顯示租金但不顯示城市的話，並沒有太大用途。不過，若我們不需要鍵，則可使用與之前相同的語法，`v-for="rent in averageRent"`。這種寫法也適用於陣列：若我們需要陣列的索引，則可使用你剛剛在陣列部分看過的括號與逗號語法：`v-for="(dog, i) in dogs"`。

要注意參數的順序：是 `(value, key)`，其他的寫法是不對的。

最後，若你只是需要一個簡單的計數器，你可以傳進一個數值作為參數。下列範例會輸出數字 1 到 10。

```
<div id="app">
  <ul>
    <li v-for="n in 10">{{ n }}</li>
  </ul>
</div>
<script>
  new Vue({
    el: '#app'
  });
</script>
```

你也許會認為輸出會是 0 到 9，但實際上並不是。要從列表的 0 開始，要寫成 `n-1` 而不是 `n`。

綁定參數

某些指令，如 `v-bind`，需要參數。`v-bind` 指令用來將一個數值綁定到一個 HTML 屬性上。比方說，底下的範例將 `submit` 這個值綁定到按鈕的類型（type）上：

```
<div id="app">
  <button v-bind:type="buttonType">Test button</button>
</div>
<script>
  new Vue({
    el: '#app',
    data: {
      buttonType: 'submit'
    }
  });
</script>
```

底下是其輸出:

```
<button type="submit">Test button</button>
```

v-bind 是指令的名稱,而 type 則是其參數:在此例中,它是我們要綁定到給定變數上的屬性(attribute)名稱。而 buttonType 是其值。

就屬性(properties)而言,這也適用,如 disabled 與 checked:若傳進來的運算式值為真,則輸出元素就會帶有屬性(property),若為否,則元素就不帶有屬性:

```
<div id="app">
  <button v-bind:disabled="buttonDisabled">Test button</button>
</div>
<script>
  new Vue({
    el: '#app',
    data: {
      buttonDisabled: true
    }
  });
</script>
```

搭配許多屬性(attributes)使用 v-bind 時,可能會需要重複寫很多次。我們可以用一種簡便的方法來寫:即可以省略指令的 v-bind,只保留冒號。比方說,你可以用短語法來重寫上述範例:

```
<div id="app">
  <button :disabled="buttonDisabled">Test button</button>
</div>
<script>
  new Vue({
    el: '#app',
    data: {
      buttonDisabled: true
    }
  });
</script>
```

這種寫法純粹是個人的偏好,我很喜歡用這種短語法來寫,很少在程式碼中寫到 v-bind。

不管你選用的是 v-bind 還是短語法,請持續下去。將 v-bind 與短語法混用會造成混淆。

響應性

本章接下來的這幾個段落將呈現如何透過 Vue 將以 JavaScript 寫的值輸出 HTML 到 DOM 裡頭——不過，這又如何？與其他樣版語言（templating language）比起來，Vue 有什麼不一樣的地方？

除了會在第一時間產生 HTML 外，Vue 會觀察物件是否有變化，並在物件內容有變時，更新 DOM。要示範這個機制，我們先做一個簡單的計時器程式，瞭解網頁開啟需要花多少時間。我們只需要一個名為 seconds 的變數，然後用 setInterval 讓這個變數的值能每秒遞增：

```
<div id="app">
  <p>{{ seconds }} seconds have elapsed since you opened the page.</p>
</div>
<script>
  new Vue({
    el: '#app',
    data: {
      seconds: 0
    },
    created() {
      setInterval(() => {
        this.seconds++;
      }, 1000);
    }
  });
</script>
```

當程式初始化後會執行 create 函式。稍後我們再進一步說明 Vue 的生命週期掛接（hooks），現在先別擔心函式裡寫了一些你還不瞭解的程式碼。函式中的 this.seconds 直接參考到 data 物件中的值，並藉由操作它來在樣版中更新。

底下是網頁開啟一會兒之後的輸出：

```
14 seconds have elapsed since you opened the page.
```

除了以插值方式將該值輸出到網頁中之外，將 data 物件屬性（property）作為指令屬性（attributes）使用時，也需要運用 Vue 的響應性功能。比方說，若在 v-bind 範例中，我們所寫的是 this.buttonDisabled = !this.buttonDisabled;，每秒一次，我們會看到該按鈕的 disabled 屬性每秒切換一次：即按鈕會啟用一秒鐘，然後再停用一秒鐘。

響應性非常重要，也是 Vue 功能之所以會這麼強的要素之一。你不但會在本書中常看到它的應用，也會在任何的 Vue 專案中看到它。

運作方式

這個部分會稍微進階一點；你可以先跳過，之後需要時，再回頭來看。

Vue 的響應性會在修改每一個加進 data 物件中的物件時產生作用，物件有變時，Vue 會知道。物件中的每一個屬性（property）會被取用器（getter）與設定器（setter）替代掉，如此你可以像一般物件那樣使用這個物件，但在你改變其屬性時，Vue 會知道它已經被更動了。

考慮底下的物件：

```
const data = {
  userId: 10
};
```

當 userId 有變時，你如何知道它有被變動過？你可以儲存一個物件的複本，然後一個個作比較，不過這並不是最有效率的方法。這種方法稱為**髒資料檢查**（*dirty checking*），Angular 1 用的就是這種方法。

相對的，你可以使用 Object.defineProperty() 覆寫（override）該屬性.

```
const storedData = {};

storedData.userId = data.userId;

Object.defineProperty(data, 'userId', {
  get() {
    return storedData.userId;
  },
  set(value) {
    console.log('User ID changed!');
    storedData.userId = value;
  },
  configurable: true,
  enumerable: true
};
```

這並不完全是 Vue 的作法，但比較容易瞭解其運作方式。

在透過代理方法（proxy method）觀察陣列時，Vue 也會包覆（wraps）某些陣列的方法，如 .splice()，以觀察該方法何時被叫用。因此當你叫用 .splice() 時，Vue 就知道你已經更新了陣列，而任何需要更新的視版就會開始更新。

要更進一步瞭解 Vue 響應性的運作方式，請參閱官方文件（*http://bit.ly/2sLXswZ*）中的 "Reactivity in Depth" 章節。

注意事項

這種方式還是有一些限制存在。瞭解 Vue 響應性的運作方式可幫助你瞭解這些注意事項，當然你也可以把這些事項都記起來。注意事項並不多，要將它們都記起來，並不會太麻煩。

新增屬性到物件中

因為在實例初始化後取用器／設定器函式會被加進來，只有現存的屬性才具有響應性；加入新屬性時，若直接將屬性加進來，它並不具有響應性：

```
const vm = new Vue({
  data: {
    formData: {
      username: 'someuser'
    }
  }
});

vm.formData.name = 'Some User';
```

formData.username 屬性具響應性，若有變動會產生響應，而 formData.name 屬性則否。有幾種作法可以處理這個問題。

最簡單的作法是在物件初始化過程中就定義該屬性，但讓它的值為 undefined。上例中的 formData 可改成這樣：

```
formData: {
  username: 'someuser',
  name: undefined
}
```

此外──若你要同時更新好幾個屬性的話，這種方式特別好用──可以使用 Object.assign() 產生一個新物件，並覆寫舊物件：

```
vm.formData = Object.assign({}, vm.formData, {
  name: 'Some User'
});
```

最後，可運用 Vue 提供的 Vue.set() 函式，設定具響應性的屬性：

```
Vue.set(vm.formData, 'name', 'Some User');
```

若是在組件之中，這個函式也可以寫成 this.$set。

設定陣列項目

你不能透過索引直接在陣列上設定項目值。下列程式碼無法有預期的效果：

```
const vm = new Vue({
  data: {
    dogs: ['Rex', 'Rover', 'Henrietta', 'Alan']
  }
});

vm.dogs[2] = 'Bob'
```

有二種方法來處理這個問題。你可以使用 .splice() 將舊項目移除，然後再加入一個新的：

```
vm.dogs.splice(2, 1, 'Bob');
```

或者使用 Vue.set()：

```
Vue.set(vm.dogs, 2, 'Bob');
```

這二種方法都行得通。

設定陣列長度

在 JavaScript 中，你可以透過設定陣列長度的方式來新增空白項目，或者將陣列的尾端去掉（視設定的 length 值比原有值大或小而定）。不過，你不能在 data 物件中對陣列進行這種操作，因為 Vue 無法偵測到陣列的任何變動。

你可以用 splice 來代替：

```
vm.dogs.splice(newLength);
```

這只能讓陣列縮短，沒辦法讓它變長。

雙向資料綁定

至此，你已經看過我們如何將資料寫到樣版上以及 Vue 的響應性功能在資料與樣版更新時如何運作。不過，這只是單向的資料綁定。你可試試底下的程式，inputText 還是維持原樣，其內容並不會被更新：

```html
<div id="app">
  <input type="text" v-bind:value="inputText">
  <p>inputText: {{ inputText }}</p>
</div>
<script>
  new Vue({
    el: '#app',
    data: {
      inputText: 'initial value'
    }
  });
</script>
```

要讓上述範例能如預期地運作，運用 v-bind:value 還是沒辦法做到——使用 v-bind 只會在 inputText 變動時，更新輸入值，方向相反的話就沒辦法更新。此時，你可以使用 v-model 指令來處理，它會綁定輸入元素及與 data 物件屬性對應的輸入值，這樣一來，除了輸入元素可接收到資料的初始值外，輸入值若有更動，資料也會更著更動。將前例的 HTML 碼置換成底下的碼，當輸入欄位的值有變動時，就可更新 inputText: initial value 的文字：

```html
<div id="app">
  <input type="text" v-model="inputText">
  <p>inputText: {{ inputText }}</p>
</div>
```

要注意的是，在你使用 v-model 時，若你設定了 value、checked 或 selected 屬性，它們會被忽略掉。若要設定輸入的初始值，則要在 data 物件中設定。請看底下的例子：

```html
<div id="app">
  <input type="text" v-bind:value="inputText" value="initial value">
  <p>inputText: {{ inputText }}</p>
</div>
<script>
  new Vue({
```

```
      el: '#app',
      data: {
        inputText: ''
      }
    });
  </script>
```

inputText 還是會被綁定到 inputText 變數上，而且在輸入框中輸入的任何文字，都會出現在底下的段落元素中。不過，輸入的部分仍然沒有初始值，如第一個範例，因為它被設定成使用 value 屬性，而不是 data 物件。

輸入元素（input elements）、多行文字輸入區（textareas）、選取元素（select elements）以及檢核框（checkboxes）基本上都能如預期般地運作：輸入端的值與 data 物件中的值是相同的（檢核框的值在 data 物件中會是一個布林（Boolean）值）。單選輸入（radio inputs）則有些差異，因為同一個 v-model 中會有好幾個元素。name 屬性會被忽略掉，而且存在 data 物件中的值與目前被選取之項目的 value 屬性值相等：

```
  <div id="app">
    <label><input type="radio" v-model="value" value="one"> One</label>
    <label><input type="radio" v-model="value" value="two"> Two</label>
    <label><input type="radio" v-model="value" value="three"> Three</label>

    <p>The value is {{ value }}</p>
  </div>
  <script>
    new Vue({
      el: '#app',
      data: {
        value: 'one'
      }
    });
  </script>
```

在第一個檢核框被勾選時，value 的值是 one；當第二個被勾選時，其值為 two，以此類推。雖然還是可以運用 name 屬性，但 Vue 會忽略它，而且即使沒有這個屬性，單選鈕也可以正常運作（在單選的情況下）。

動態設定 HTML

有時你會想要透過運算式來設定元素的 HTML 碼，假設你要叫用一個能回傳需要顯示在頁面中某些 HTML 碼的 API。理想上，這組 API 應該會傳回 JSON 物件，讓你能夠將之傳給 Vue，然後你自己來處理樣版的事，不過，這只是偶爾才會出現的情況。Vue 內建自動剔除 HTML 碼（HTML escaping）功能，所以若你試著寫 {{ yourHtml }}，這些 HTML 的相關字元會被排除──原始碼看來會變成這樣 <strong>this</strong>──而且它會以由 API 傳下來的 HTML 文字方式出現在網頁上。這樣並不理想！

若你要接 HTML 碼然後將它顯示在頁面上，你可以使用如下的 v-html 指令：

```
<div v-html="yourHtml"></div>
```

如此，不管 yourHtml 內的 HTML 碼為何，都會直接被寫到網頁上，而不會先被排除。

不過使用這種方式時要留意！透過變數將 HTML 寫到網頁的方式，將會有產生 XSS 漏洞[3] 的風險。絕對不要將使用者的輸入放在 v-html 中或在沒有仔細驗證並剔除他們所寫的東西之前，允許使用者修改任何會經過 v-html 的內容。若你掉以輕心，使用者便有機會在你的網站上執行惡意的腳本標籤（tags）。只能在你信任的資料上運用 v-html。

方法

在本節中將說明如何在 Vue 中使用方法（methods）製作可在樣版中使用的函式（functions），以進行資料的操作。

函式非常優雅，讓我們可以將邏輯儲成可重複使用的形式，無須編寫相同的程式碼就可以重複使用。我們也可以在樣版中使用函式，透過方法來做。如下列範例所示，將函式儲存成 methods 物件的一個屬性（property），讓我們可以在樣版中使用它：

```
<div id="app">
  <p>Current status: {{ statusFromId(status) }}</p>
</div>
<script>
  new Vue({
    el: '#app',
    data: {
      status: 2
    },
```

3　跨站腳本攻擊（cross-site scripting，XSS）技術，可讓他人在你的網站上任意執行程式腳本進行破壞。

```
  methods: {
    statusFromId(id) {
      const status = ({
        0: 'Asleep',
        1: 'Eating',
        2: 'Learning Vue'
      })[id];

      return status || 'Unknown status: ' + id;
    }
  }
});
</script>
```

這是將號碼所代表的狀態──可能是由 API 的另一個步驟所傳回──轉成人可識別的文字串,用來表示實際的狀態。你可以透過將它們指定成 methods 物件屬性的方式,新增方法。

除了可以在插值方式中使用方法外,你也可以在綁定屬性上使用方法──而且,沒騙你,任何可以使用 JavaScript 運算式的地方,都可以使用方法。底下是一個簡短的範例:

```
<div id="app">
  <ul>
    <li v-for="number in filterPositive(numbers)">{{ number }}</li>
  </ul>
</div>
<script>
  new Vue({
    el: '#app',
    data: {
      numbers: [-5, 0, 2, -1, 1, 0.5]
    },
    methods: {
      filterPositive(numbers) {
        return numbers.filter((number) => number >= 0);
      }
    }
  });
</script>
```

這個方法接受一個陣列並傳回一個移除掉所有負值的新陣列。這個範例執行後，我們可以在網頁上看到其所輸出的一份正值的列表。

我們之前看過響應性，相信你知道響應性也可以套用在這裡之後會感到高興。若 number 被改變——比方說，若有一個數值被加進來或移除掉——這個方法會再被以新數值叫用一次，而輸出到網頁上的資訊也會被更新。

this

在一個方法中，this 參照到方法附掛在其上的組件。你可以透過 this 存取在 data 物件上的屬性或其他方法：

```
<div id="app">
  <p>The sum of the positive numbers is {{ getPositiveNumbersSum() }}</p>
</div>
<script>
  new Vue({
    el: '#app',
    data: {
      numbers: [-5, 0, 2, -1, 1, 0.5]
    },
    methods: {
      getPositiveNumbers() {
        // 我們現在是透過 this.numbers
        // 直接參考 data 物件。
        return this.numbers.filter((number) => number >= 0);
      },
      getPositiveNumbersSum() {
        return this.getPositiveNumbers().reduce((sum, val) => sum + val);
      }
    }
  });
</script>
```

在此例中，getPositiveNumbers 的 this.number 參照到我們傳進來作為參數之 data 物件中的數值陣列；this.getPositiveNumbers() 則參照到以其為名的另一個方法。

在後面的章節中你還會看到如何透過 this 存取其他東西的方法。

計算屬性

計算屬性（*computed properties*）處於 data 物件的屬性與方法的中間：你可以將它們當成是 data 物件的屬性來存取，不過它們被認定成函式。

考慮底下的範例，它將儲存的資料視為 numbers，將它們加總後，輸出總額到網頁上：

```
<div id="app">
  <p>Sum of numbers: {{ numberTotal }}</p>
</div>
<script>
  new Vue({
    el: '#app',
    data: {
      numbers: [5, 8, 3]
    },
    computed: {
      numberTotal() {
        return numbers.reduce((sum, val) => sum + val);
      }
    }
  });
</script>
```

雖然我們可以在樣版中編寫整個計算總額的敘述，但在其他地方定義會更方便使用，而且可讀性更好。我們可以透過 this，在方法、其他的計算屬性以及組件的其他地方取用它。如同方法，numbers 改變時，numberTotal 也會跟著改變，而且樣版中相對應的部分也會更新。

不過，使用語法上有明顯不同的計算屬性與方法有什麼不一樣呢？嗯，二者有幾個地方不同。

首先是計算屬性會被快取（cached）下來：若你在樣版中叫用一個方法好幾次，方法中的程式碼每次在方法被叫用時，都會被執行。但若計算屬性被叫用好幾次，裡頭的程式碼只會被執行一次，之後，都會使用被暫存下來的值。裡頭的程式碼只會在其相依的方法有改變時才會再執行：以上述的範例碼為例，若我將新項目推進 numbers 中，在 numberTotal 中的程式碼會再執行一次以取得新值。就某些需要許多資源的工作而言，這樣做比較好，因為可以確保程式碼只在必要時才會執行。

你可以在重複被叫用的計算屬性中加進 console.log() 敘述，以觀察它的行為。你會觀察到 console.log() 敘述，即整個計算屬性，只會在數值有改變時作計算：

```
<script>
  new Vue({
    el: '#app',
    data: () => ({
      value: 10,
    }),
    computed: {
      doubleValue() {
        console.log('doubleValue computed property changed');

        return this.value * 2;
      }
    }
  });
</script>
```

只有在程式被初始化與每次 value 值改變時，字串才會被記錄到主控台中。

計算屬性與方法還有一個地方不同，除了如前例所呈現的，計算屬性能被取值之外，其值也可被設定，並就該設定值進行一些計算。將計算屬性由函式改成帶有 get 與 set 屬性的物件，即可讓計算屬性具有能被設定與取用的功能。舉例來說，若我們想要新增能透過設定 numberTotal 的值，就能在 numbers 陣列中加入新項目的功能。我們可以新增一個能比較新舊值，而且會將二者之差新增到 numbers 陣列中的一個設定器（setter）：

```
<div id="app">
  <p>Sum of numbers: {{ numberTotal }}</p>
</div>
<script>
  new Vue({
    el: '#app',
    data: {
      numbers: [5, 8, 3]
    },
    computed: {
      numberTotal: {
        get() {
          return numbers.reduce((sum, val) => sum + val);
        },
        set(newValue) {
          const oldValue = this.numberTotal;
          const difference = newValue - oldValue;
          this.numbers.push(difference).
        }
      }
    }
```

```
  });
</script>
```

現在，於組件中的其他地方叫用 `this.numberTotal += 5`，就可以讓 5 這個數字加到 numbers 陣列的尾端——很俐落吧！

要用 Data 物件、方法還是計算屬性？

你已經看過 data 物件了，可以在物件中儲存像字串、陣列與物件；你也見過方法，可以在其中編寫函式並自樣版中叫用；你剛剛也看過計算屬性，可以在裡頭編寫函式，若它們是 data 物件中的屬性，也可以叫用它們。但，你要用哪一種，並在何時使用呢？

每一種都有其用途，最好的運用方式就是相互搭配使用，當然，它們各自有最合適的用法。比方說，若要接收一個參數，則非得要使用方法不可，而不是透過 data 物件或計算屬性來做：因為二者都無法接收參數。

Data 物件最適合用來放純資料：你要將資料存放在某處，然後在樣版、方法或計算屬性中使用。你只是要把資料放在那裡，之後可能會進行資料的更新。

要在樣版中加入功能的話，最好使用方法：你將資料傳進去，它們會對資料作一些處理，可能也會傳不同的資料回來。

若因運算式太長或不想一直重複編寫相同的運算式，而不想在樣版中執行某些複雜運算，這時就是計算屬性最佳的使用時機。它們通常會與其他計算屬性或資料搭配使用。基本上它們就像一種更強大的擴充 data 物件。

如表 1-1，你可以比較使用這三種不同的處理資料方式——即 data 物件、方法與計算屬性。

表 1-1　data 物件、方法與計算屬性

	可讀取？	可寫入？	接受參數？	計算而得？	快取暫存？
Data 物件	是	是	否	否	無 / 因它不由計算而得。
方法	是	否	是	是	否
計算屬性	是	是	否	是	是

看來好像很複雜，但其實用過之後就能瞭解。

監視器

監視器（*Watchers*）能讓我們監看 data 物件屬性或計算屬性的變化。

若你是從其他框架轉用 Vue 的，可能會想要知道監看某些資料變化的方法或正在等待這個功能的推出。不過，要注意！在 Vue 中，總是有比用監視器更好的方法——特別是在使用計算屬性時。比方說，要設定資料並監看其變化，使用帶有設定器的計算屬性來做會更適合。

監視器的使用方法很簡單：只要指定需監看的屬性名稱即可。比方說，要監看 this. count 的變化情形，可這樣子寫：

```
<script>
  new Vue({
    el: '#app',
    data: {
      count: 0
    },
    watchers: {
      count() {
        // this.count 已變動！
      }
    }
  });
</script>
```

雖然大部分簡單的範例並不需要監視器，但它們很適合用在非同步操作（asynchronous operations）上。比方說，如果我們有個輸入元素讓使用者輸入值，但我們要在頁面上顯示其 5 秒鐘前的輸入值。此時可以使用 v-model 將輸入值同步到你的 data 物件上，然後在監視器中監看這個值的變化情況，然後在監視器中經過一段延遲後，將該值寫到 data 物件的另一個屬性中：

```
<div id="app">
  <input type="text" v-model="inputValue">

  <p>Five seconds ago, the input said "{{ oldInputValue }}".</p>
</div>
<script>
  new Vue({
    el: '#app',
    data: {
```

```
      inputValue: '',
      oldInputValue: ''
    },
    watch: {
      inputValue() {
        const newValue = this.inputValue;

        setTimeout(() => {
          this.oldInputValue = newValue;
        }, 5000);
      }
    }
  });
</script>
```

在此範例中必須注意的是，我們將 this.inputValue 寫進該函式的區域變數中：這是因為若不這樣做，當設定給 setTimeout 的函式被叫用時，this.inputValue 會被更新成最新的值！

監看 Data 物件中的物件屬性

有時候你會在 data 物件中存入整個物件。要監看該物件某個屬性的變動情形，你可以用點運算子為它指定監視器名稱，就像要讀取物件那樣：

```
new Vue({
  data: {
    formData: {
      username: ''
    }
  },
  watch: {
    'formData.username'() {
      // this.formData.username 已變動
    }
  }
});
```

取得舊資料

監視器在監看屬性的變動過程時會傳入二個參數：監看屬性的新值以及其舊值。在監看有那些值經過變動時，這種做法很有用：

```
watch: {
  inputValue(val, oldVal) {
    console.log(val, oldVal);
  }
}
```

val 等於（在此例中）this.inputValue。我通常會使用後面這種用法。

深度監看

在監看一個物件時，你可能要監看整個物件而不是只有某個屬性，以免漏掉任何變動。
在預設情況下，若你所監看的是 formData，但改變的只有 formData.username 的話，監視
器並不會有任何響應；在這種設定下，它只會在整個 formData 的屬性都發生變動的情況
下，它才會有響應。

觀察整個物件被稱為深度監看（deep watch），我們可以 deep 選項設定成 true，讓 Vue
進入這個模式：

```
watch: {
  formData: {
    handler() {
      console.log(val, oldVal);
    },
    deep: true
  }
}
```

過濾器

你也常可在其他樣版語言中，看到過濾器（*Filters*），它是一種在樣版中操作資料的便
利方式。我覺得在對字串或數字的顯示作簡單的調整時，它很好用：比方說，將字串改
成正確的大小寫或將數字顯示成人類容易判讀的格式時。

請看底下的範例：

```
<div id="app">
  <p>Product one cost: ${{ (productOneCost / 100).toFixed(2) }}</p>
  <p>Product two cost: ${{ (productTwoCost / 100).toFixed(2) }}</p>
  <p>Product three cost: ${{ (productThreeCost / 100).toFixed(2) }}</p>
</div>
<script>
  new Vue({
```

```
      el: '#app',
      data: {
        productOneCost: 998,
        productTwoCost: 2399,
        productThreeCost: 5300
      }
    });
  </script>
```

這樣行得通,不過卻有些重複的程式碼。對每個項目而言,我們會將之從分轉成元,並以二位小數的格式來顯示,再加上錢字號。雖然可將運算邏輯以方法來寫,不過現在我們要將它寫成過濾器,因為這種寫法的可讀性更好,也可以將它加到全域範圍中:

```
  <div id="app">
    <p>Product one cost: {{ productOneCost | formatCost }}</p>
    <p>Product two cost: {{ productTwoCost | formatCost }}</p>
    <p>Product three cost: {{ productThreeCost | formatCost }}</p>
  </div>
  <script>
    new Vue({
      el: '#app',
      data: {
        productOneCost: 998,
        productTwoCost: 2399,
        productThreeCost: 5300
      },
      filters: {
        formatCost(value) {
          return '$' + (value / 100).toFixed(2);
        }
      }
    });
  </script>
```

這樣好多了──重複的碼減少了,不但更容易讀,也更好維護。現在若我們要在其中加進邏輯──嗯,就是要將貨幣轉換功能加進來──只要改一次就好,不需要修改每段用到這部分的程式碼。

透過鏈結(chaining)的方式,你可以在同一個運算式中使用好幾個過濾器。比方說,若我們還有個 round 過濾器,可以將數字作四捨五入(round),讓它變成整數。你就可以將二個過濾器寫在一起 {{ productOneCost | round | formatCost }}。round 過濾器會先被叫用,其所傳回的值會被傳進 formatCost 過濾器中,最後的結果會輸出到網頁上。

過濾器也可以接收參數。在下列範例中，給定的字串會被傳進過濾器函式中，作為第二
個參數：

```
<div id="app">
  <p>Product one cost: {{ productOneCost | formatCost('$') }}</p>
</div>
<script>
  new Vue({
    el: '#app',
    data: {
      productOneCost: 998,
    },
    filters: {
      formatCost(value, symbol) {
        return symbol + (value / 100).toFixed(2);
      }
    }
  });
</script>
```

除了運用插值（interpolation）外，你也可以使用過濾器搭配 v-bind 將數值綁定到參數
上：

```
<div id="app">
  <input type="text" v-bind:value="productCost | formatCost('$')">
</div>
```

你也可以使用 Vue.filter() 來註冊過濾器，如此，就不需要在每個組件上一一編寫：

```
Vue.filter('formatCost', function (value, symbol) {
  return symbol + (val / 100).toFixed(2);
});
```

就整個程式都會用到的過濾器而言，用這種方式來註冊是很恰當的。我通常會另外用一
個名為 filters.js 的檔來放置所有的過濾器。

使用過濾器有二件事要注意。第一是過濾器是唯一不能使用 this 來參考組件中之方法
與資料的地方。這是刻意設計的：因為過濾器應該純粹只是函式，也就是說，在不參考
到任何外部資料的情況下，可接收輸入並傳回相同的輸出。若要在過濾器中存取其他資
料，則必須將其以參數方式傳入。

另一個注意事項是，你只能在插值或 v-bind 指令下使用，在 Vue 1 時，只要可以寫運算式的地方都可以用；比方說，在 v-for 裡頭：

```
<li v-for="item in items | filterItems">{{ item }}</li>
```

不過在 Vue 2 時就不再適用了，在上例中你得要透過方法或計算屬性來做才行。

透過 ref 直接存取元素

有些時候你可能需要直接存取 DOM 裡的元素；也許目前所使用的第三方程式庫不適用在 Vue 上，或者，你要做一些 Vue 沒辦法自行處理好的事。此時，你可以透過 ref 直接存取元素，而不需使用 querySelector 及其他能選取 DOM 元素的原生方法（native ways）。

要透過 ref 來存取元素，可將該元素的 ref 屬性設定成底下可用來存取該元素的字串：

```
<canvas ref="myCanvas"></canvas>
```

然後在 JavaScript 中，設定 ref 屬性後，該元素會被存在 this.$refs 物件裡。此時，你就可以透過 this.$refs.myCanvas 來存取它。

在組件中的 ref 特別好用。同樣的碼可以出現在同一網頁中好幾次，也就是說，你不能用一個唯一的類別並使用 querySelector 來做。this.$refs 只包含目前組件中的參照（refs），即若你在組件中叫用 this.$refs.blablabla，它就會參考到該組件中的那一個元素，而不是文件中的其他元素。

輸入與事件

至此，你看過的大部分內容都跟資料的呈現有關——我們還沒有討論關於如何進行互動的部分。現在，我將介紹 Vue 中的事件綁定（event binding）。

你可以使用 v-on 指令將事件監聽器與一個元素綁定。以事件名稱為參數，而事件監聽器為傳入值。舉例來說，若要在一個按鈕被按下時，將 counter 的值加 1，程式可以寫成：

```
<button v-on:click="counter++">Click to increase counter</button>
<p>You've clicked the button {{ counter }}</p> times.
```

你也可以提供方法的名稱，讓它可在按鈕按下時被叫用：

```html
<div id="app">
  <button v-on:click="increase">Click to increase counter</button>
  <p>You've clicked the button {{ counter }}</p> times.
</div>

<script>
  new Vue({
    el: '#app',
    data: {
      counter: 0
    },
    methods: {
      increase(e) {
        this.counter++;
      }
    }
  });
</script>
```

這支程式的執行結果與前例相同。

使用方法與透過行內方式寫碼有一個明顯的差異，即若使用方法，事件物件會透過第一個參數傳進來。這個事件物件是你透過 JavaScript 內建的 .addEventListener() 方法可以取得的原生 DOM 事件，它也很好用。比方說，若要取得鍵盤事件（keyboard event）的 keyCode 時，這個物件就很方便。

你也可以透過行內的方式來存取事件，即透過 $event 變數來做。若要在好幾個元素中加入相同的事件監聽器，或者要知道是哪一個元素觸發了事件，用這種方式來做就很好用。

v-on 捷徑

如同 v-bind 指令，v-on 也有簡便的運用方式。你可以將 v-on:click 寫成 @click。

底下範例與之前的範例有同樣的效果：

```html
<button @click="increase">Click to increase counter</button>
```

我幾乎都是用簡便寫法來代替 v-on。

事件修飾子

你可以在事件處理器（event handler）或事件本身之上，進行許多調整。

為了防止事件預設操作的執行——比方說，在連結被點按時，要停止頁面的瀏覽——可以用 .prevent 修飾子來做：

```
<a @click.prevent="handleClick">...</a>
```

不讓事件繼續傳佈（propagating）出去，避免在父元素上觸發這個事件時，你可以用 .stop 這個修飾子：

```
<button @click.stop="handleClick">...</button>
```

要讓事件監聽器只在事件第一次發生時觸發，你可以用 .once 修飾子：

```
<button @click.once="handleFirstClick">...</button>
```

要使用攔截模式（capture mode），也就是事件會從結構樹該元素下方之元素依序傳佈過來，而在此元素上觸發（相對於泡泡模式（bubble mode），事件會在該元素上先觸發，然後依 DOM 結構往上傳。）你可以使用 .capture 修飾子來做：

```
<div @click.capture="handleCapturedClick">...</div>
```

當事件在元素上而不是在子元素上觸發時（通常就是指當 event.target 是處理器（handler）要加於其上的元素時），若要觸發這個處理器，則可使用 .self 修飾子：

```
<div @click.self="handleSelfClick">...</div>
```

你也可以只指定事件或修飾子，不一定要給值，你也可以將修飾子鏈結起來。比方說，下列程式碼會避免一個點按（click）事件繼續往根傳佈——不過只有在第一次時才會這樣：

```
<div @click.stop.capture.once></div>
```

除了這些事件修飾子外，也有 key 修飾子。它被用在鍵盤的處理上，運用它，你就可以在特定鍵被按下時，觸發事件。考慮底下的程式碼：

```
<div id="app">
  <form @keyup="handleKeyup">...</form>
</div>

<script>
  new Vue({
```

```
      el: '#app',
      methods: {
        handleKeyup(e) {
          if (e.keyCode === 27) {
            // 進行某些操作
          }
        }
      }
    });
  </script>
```

在 if 中的敘述只會在 keyCode 是 27 —— 即 Escape 鍵 —— 的那個鍵被按下時執行。不過，Vue 內建有一個方法，其功用就像修飾子那樣。你可以將鍵碼（key code）指定成修飾子，如下：

```
  <form @keyup.27="handleEscape">...</form>
```

現在 handleEscape 只會在 Escape 鍵被按下時觸發。多數的常用鍵也有捷徑（aliases）可用：如 .enter、.tab、.delete、.esc、.space、.up、.down、.left 與 .rigth。與其要記住 27 代表哪一個鍵來使用 @keyup.27，可以直接將之寫成 @keyup.esc。

自 Vue 2.5.0 後，你可以使用事件 key 屬性中的任何鍵名（key name）。比方說，按下左 Shift 鍵時，e.key 等於 ShiftLeft。要監聽 Shift 鍵放開的事件，你可以用底下的程式碼來做：

```
  <form @keyup.shift-left="handleShiftLeft">...</form>
```

與按鍵修飾子相同，三鍵滑鼠的修飾子也可以被加進滑鼠事件當中：.left、.middle 與 .right。

還有一些對應到如 Ctrl 與 Shift 這類功能鍵的修飾子：.ctrl、.alt、.shift 與 .meta。前三個看其名稱就知道其所代表的鍵，但 .meta 代表的是哪一個鍵就不是很明顯：在 Windows 系統中，它代表 Windows 鍵，在 macOS 上，其所代表的則是 Command 鍵。

最後還有一個 .exact 運算子會在特定鍵單獨被按下時觸發事件處理器。比方說：

```
  <input @keydown.enter.exact="handleEnter">
```

當 Enter 單獨被按下時會觸發事件 —— 若按 Command-Enter 或 Ctrl-Enter，則不會有反應。

生命週期掛接

若你將一個函式指定成組件或 Vue 實例上的 created 屬性，它會在組件建置時被叫用。
至此，這種用法你已經看過好幾次了。這是被稱為**生命週期掛接**（*life-cycle hook*）的一
個例子，它們是一系列會在組件生命週期中的各個時間點被叫用的函式──生命週期從
該組件被建置時開始，接著加進 DOM，然後一直到該組件被銷毀（destroyed）為止。

雖然 Vue 有 8 種生命週期掛接，不過它們很容易記，因為其中 4 個會在另一個搭配函式
叫用前被叫用。

底下說明一個物件基本的生命週期：首先，在 new Vue() 被叫用時，Vue 實例會被初始
化。此時，第 1 個函式，beforeCreate 會被叫用，響應性的部分也會被初始化。接著
是 created 掛接被叫用──看掛接名稱就可以瞭解它的運作方式了。"before" 掛接會
在觸發該名稱所代表的掛接前被叫用，然後才是該名稱所代表掛接被叫用。接著進行
樣版的編譯（compiled）──不管是從 template 或 render 選項由 Vue 初始化的元素之
outerHTML 進行。至此，DOM 元素已可被建置，所以啟動 beforeMount 掛接，元素被建
置出來，然後啟動 mounted 掛接。

要注意的是自 Vue 2.0 起，mounted 掛接並不保證元素已被加進 DOM 中。要確認元素已
被加入，你可叫用 Vue.nextTick()（也可用 this.$nextTick()），並傳入一個確認該元素
已加入 DOM 後要執行的回呼方法（callback method）。比方說：

```
<div id="app">
  <p>Hello world</p>
</div>

<script>
  new Vue({
    el: '#app',
    mounted() {
      // 元素可能尚未加入 DOM

      this.$nextTick(() => {
        // 元素已被加入 DOM
      });
    }
  });
</script>
```

至此，已經有 4 個掛接被叫用了，實例已被初始化並加進 DOM 中，我們的使用者已可看見該組件了。也許我們的資料有更新，所以 DOM 會跟著更新，以反應資料的變化。在資料變動之前，另一個掛接會被叫用，即 beforeUpdate，然後 updated 掛接會接著被叫用。DOM 一被改變，掛接就會被叫用，這個掛接可被重複叫用。

最後，在見證組件的創建與運作過程後，我們要為它的離去作準備。在它要從 DOM 被移除前，beforeDestroy 掛接會被叫用，被移除後，則叫用 destroyed 掛接。

這些就是在一個 Vue 實例的生命週期中會被叫用的所有掛接。底下再將它們都列出來，不過這次是以掛接本身的角度，而不是從實例的角度來看：

- beforeCreate 掛接會在實例初始化前被叫用。
- create 掛接會在實例初始化後，加入 DOM 前被叫用。
- beforeMount 掛接會在元素準備好加進 DOM 前被叫用。
- mounted 掛接會在元素建置好之後被叫用（但並不一定被加進 DOM 中：要用 nextTick 才能確保已加入。）
- beforeUpdate 掛接會在要輸出到 DOM 的資料有變動時被叫用。
- updated 掛接會在上述變動寫進 DOM 時被叫用。
- beforeDestroy 掛接會在組件要被銷毀且自 DOM 移除時被叫用。
- destroyed 掛接會在組件銷毀後被叫用。

生命週期掛接看來似乎有點多，不過你只要記住 4 個就好（created、mounted、updated 與 destroyed），另外 4 個就自然可以記起來。

自定指令

除了 v-if、v-model 與 v-html 等內建指令外，你也可以製作自己所需的指令。你要直接在 DOM 上進行操作時，指令很好用——若你沒有用到 DOM，則改用組件會比較合適。

為了進行簡單的說明，我們來做個可以模擬 <blink> 標籤功能的 v-blink 指令。它可以這樣子用：

```
<p v-blink>This content will blink</p>
```

新增指令跟新增過濾器很類似：你可以將它放進 Vue 實例或組件中的 directives 屬性中，或者透過 Vue.directive()，將它註冊成全域指令傳入指令的名稱以及內含在該元素生命週期各階段要執行之掛接函式（hook function）的物件。

你可以用的掛接函式有 bind、inserted、update、componentUpdated 以及 unbind 5 種。稍後我會作說明，現在我們只需要用到 bind 掛接函式，當指令與元素綁定後，它就會被叫用。在這個掛接函式中，每秒會顯示隱藏該元素一次：

```
Vue.directive('blink', {
  bind(el) {
    let isVisible = true;
    setInterval(() => {
      isVisible = !isVisible;
      el.style.visibility = isVisible ? 'visible' : 'hidden';
    }, 1000);
  }
});
```

現在，任何套用此指令的元素，每秒都會閃一次——這是我們要的效果。

指令可搭配許多掛接函式，如同 Vue 實例與組件具有生命週期掛接那樣。它們的名稱不同，做的事與生命週期掛接也不盡相同，讓我們來看看它們：

- bind 掛接函式會在該指令綁定到某元素時被叫用。

- inserted 掛接函式會在綁定指令的元素被插入到父節點時被叫用——不過，就像 mounted 那樣，它並不保證該元素已被加進文件中，要使用 this.$nextTick 確認。

- update 掛接函式會在綁定指令的組件之父物件更新時被叫用，但可能也會在該組件之子物件更新前被叫用。

- componentUpdated 掛接函式跟 update 類似，不過是在組件的子物件都更新之後才會被叫用。

- unbind 掛接函式用來進行拆解，會在該指令與元素解綁（unbound）時被叫用。

你並不需要每次都叫用全部的掛接函式。實際上，它們全部是選用（optional）的，你不一定要叫用它們。

我自己常使用 bind 與 update 這二個掛接函式。若你只要用這二個掛接函式，則有更便捷的使用方式，這樣用也很方便——可忽略物件，並將二掛接都會用到的函式作為參數傳入即可：

```
Vue.directive('my-directive', (el) => {
  // 這裡的程式碼會在 "bind" 與 "update" 中執行
});
```

掛接參數

你之前已看過接受參數的指令（v-bind:class）、修飾子（v-on.once）以及值（v-if="expression"）。透過運用傳給 binding 掛接函式的第二個參數，這些項目都可以被取用。

若透過 v-my-directive:example.one.two="someExpression" 叫用指令，則 binding 物件會包含下列屬性：

- name 屬性是去掉 v- 後的指令名稱。在這個例子中，即為 my-directive。

- value 屬性是要傳給指令的值。在這個例子中，值會是對 someExpression 求值後所得的值。比方說，若 data 物件等於 { someExpression: *hello world* }，則 value 會等於 hello world。

- oldValue 屬性是之前傳給指令的值。只能在 update 與 componentUpdated 中取用。在範例中，若要設定給 someExpression 不同的值，則叫用 update 掛接時，value 中放的是新值，oldValue 中放的是舊值。

- expression 屬性是在求值前以字串型式表示的屬性值。本例中，就是 someExpression 這段文字。

- arg 屬性是傳給指令的參數；在本例中，就是 example。

- modifiers 屬性是內含任何傳給指令之修飾子的物件，本例中，就是 { one: true, two: true }。

為了示範一個參數的使用方法，我們來修改掛接指令（hook directive），以接收一個代表閃爍速度的參數：

```
Vue.directive('blink', {
  bind(el, binding) {
    let isVisible = true;
    setInterval(() => {
      isVisible = !isVisible;
      el.style.visibility = isVisible ? 'visible' : 'hidden';
    }, binding.value || 1000);
  }
});
```

我在其中加進 binding 參數，並將 setInterval 的計時值由 1000 改成 binding.value ||
1000。這個範例中，並沒有任何邏輯讓組件在參數變動時跟著更新。為了要能讓組件能
隨著參數的變動而更新，我們需要將 setInterval 傳回的 ID 儲存在物件的資料屬性中，
並在 update 掛接中產生新值之前，將舊的時間間隔（interval）取消。

轉場與動畫

Vue 裡頭有非常多的功能可用來強化程式裡的動畫與轉場 —— 協助你運用 CSS 轉場與
JavaScript 動畫，製作當元件進入或退出頁面、元件內容有變動、二組件間轉變或甚至
是資料本身所需的轉場與動畫。就一本一般性的 Vue 書籍而言，無法完全涵蓋全部的內
容，所以我只介紹自己最常用的部分，沒有介紹到的，請你在需要時，自行查閱 Vue 轉
場方面的文件（裡頭有許多很酷的範例！）。

我們先從 <transition> 組件開始，瞭解它如何與 CSS 轉場搭配，製作網頁元件移進移出
的動畫。

CSS 轉場

CSS 轉場適合用來製作簡單的動畫，只要將一或更多個 CSS 屬性從一個值改成另一個值
即可。比方說，你可以將 color 屬性從 blue 改成 red 或將 opacity 從 1 改成 0。Vue 提供
<transition> 組件，能讓你透過 v-if 指令將類別（classes）加進其內含的元素中，如此
你就可以在一個元素被加進來或移除時套用 CSS 轉場。

在這段內容中，我們會參考底下的樣版，其中包含一個按鈕以及一個在按鈕被按下時會
切換顯示 / 隱藏狀態（visibility）的元素：

```
<div id="app">
  <button @click="divVisible = !divVisible">Toggle visibility</button>

  <div v-if="divVisible">This content is sometimes hidden</div>
</div>
<script>
  new Vue({
    el: '#app',
    data: {
      divVisible: true
    }
  });
</script>
```

現在，若你點按該按鈕，則 div 元素中的內容就會立即被隱藏或顯示，但還未帶有轉場。

若要加入一個簡單的轉場效果：即我們要在其顯示或隱藏時淡入或淡出（fade in and out）。要加進這個效果，可以將 div 包進（wrap）一個轉場組件中，如：

```
<transition name="fade">
  <div v-if="divVisible">This content is sometimes hidden</div>
</transition>
```

上面的程式碼本身並不會做任何事情（其行為完全跟加入 <transition> 元素前相同），但若再加進底下的 CSS，就可以讓它具有淡入淡出的轉場：

```
.fade-enter-active, .fade-leave-active {
  transition: opacity .5s;
}
.fade-enter, .fade-leave-to {
  opacity: 0;
}
```

現在，當你點按按鈕切換顯示 / 隱藏狀態時，該元素就會有淡入與淡出頁面的效果，與之前立即出現與消失的情況不同。

這種做法之所以能有這種效果的原因是 Vue 會取得轉場的名稱，並運用該名稱在轉場過程不同的時間點上加進類別。進入（enter）與退出（leave）這二類的轉場會在該元素被加進或移除時套用。底下是可用的類別：

{name}-enter

　　這個類別會在元素被加進 DOM 時套用，而且會在一個影格（frame）後立刻被移除。用它來設定當該元素移入（transitions in）時要被移除的 CSS 屬性。

{name}-enter-active

　　這個類別會在整個動畫過程中套用在元素上。它與 -enter 類別在同一個時間點被加進來，然後在動畫完成後被移除。這個類別適合用來設定 CSS 的 transition 屬性，如轉場時間、要轉場的屬性以及要使用的緩動（easings）類型。

{name}-enter-to

　　這個類別會在 -enter 類別被移除的同時，被加進元素中。它適合用來設定當該元素移入時要被加入的 CSS 屬性，不過，我認為它更適合用在反轉 -enter 類別中屬性的轉場上。

{name}-leave

這個類別相當於退出（leave）動畫中的 -enter 類別。當退出動畫被啟動時，它會被加進來，並在一個影格後被移除。跟 -enter-to 類別很像，這個類別不太實用；用 -leave-to 來進行反轉的動畫，效果會更好。

{name}-leave-active

這個類別相當於 -enter-active，但是用在退出轉場上。它會在整個退出（exit）轉場的過程中被套用。

{name}-leave-to

這個類別相當於 -enter-to，但適用在退出的轉場上。在轉場開始一個影格後，它才會被套用（當 -leave 被移除後），一直作用到轉場結束。

實務上，我覺得底下四種類別最常使用：

{name}-enter

這個類別會在進入（enter）轉場期間設定要被轉換的 CSS 屬性。

{name}-enter-active

這個類別會設定進入（enter）轉場要用的 transition CSS 屬性。

{name}-leave-active

這個類別會設定退出（leave）轉場要用的 transition CSS 屬性。

{name}-leave-to

這個類別會在退出（leave）轉場期間設定要被轉換的 CSS 屬性。

上述程式範例的運作情況是進入與退出轉場會持續 .5s、被轉換的是 opacity（以預設的緩動效果進行），而且在進入或退出轉場中，效果值在轉場開始或結束時都會是 opacity: 0。如此在元素進入網頁文件時就會有淡入效果，退出時則會淡出效果。

JavaScript 動畫

除了 CSS 動畫之外，<transition> 組件也提供可以用來強化 JavaScript 動畫的掛接（hooks）。運用這些掛接，你就可以透過自己寫的程式碼或如 GreenSock 或 Velocity 這類的程式庫來編寫動畫。

這些掛接跟搭配 CSS 轉場的對應類別很類似：

beforeEnter

　　這個掛接會在進入動畫開始前啟動，適合用來設定初始值。

enter

　　這個掛接會在進入動畫時啟動，是執行動畫的起點。你可以透過 done 回呼
　　（callback），接收動畫結束的訊息。

afterEnter

　　這個掛接會在進入動畫結束時啟動。

enterCancelled

　　這個掛接會在進入動畫取消時啟動。

beforeLeave

　　這個掛接是相對於 beforeEnter 的退出版本，在退出動畫開始前啟動。

leave

　　這個掛接是相對於 enter 的退出版本，是執行動畫的起點。

afterLeave

　　這個掛接會在退出動畫結束時啟動。

leaveCancelled

　　這個掛接會在退出動畫取消時啟動。

這些掛接會像事件（events）般在 <transition> 元素中被啟動，如：

```
<transition
  v-on:before-enter="handleBeforeEnter"
  v-on:enter="handleEnter"
  v-on:leave="handleLeave>
  <div v-if="divVisible">...</div>
</transition>
```

在這些事件處理器（event handler）被加入後，我們可以加入如 CSS 轉場範例所製作的效果，不過要以 GreenSock 來代替，如：

```
new Vue({
  el: '#app',
  data: {
    divVisible: false
  },
  methods: {
    handleBeforeEnter(el) {
      el.style.opacity = 0;
    },
    handleEnter(el, done) {
      TweenLite.to(el, 0.6, { opacity: 1, onComplete: done });
    },
    handleLeave(el, done) {
      TweenLite.to(el, 0.6, { opacity: 0, onComplete: done });
    }
  }
});
```

運用 JavaScript 動畫，我們可以製作比 CSS 轉場更複雜的動畫，包括多段（multiple steps）或每次使用不同的轉場。通常 CSS 轉場的效能較好，除非沒辦法只用 CSS 轉場做出你要的功能，否則應該儘量使用 CSS 轉場。

至此，我們已經看過一些可運用 Vue 來完成的基本工作，接下去要瞭解的是如何使用組件來架構（structure）你的程式碼。

本章總結

在本章中我們所討論的是一些關於運用 Vue 的基本知識：

- 為何要使用 Vue 的一些理由。

- 透過 CDN 或 webpack 來安裝並設定 Vue 的方法。

- Vue 的語法：如何透過樣版、data 物件與指令，在網頁中呈現資料的方法。

- v-if 與 v-show 二指令間的差異。

- 如何運用 v-for 指令在樣版中製作迴圈。

- 如何運用 v-bind 將 data 物件的屬性綁定到 HTML 屬性上。

- 當資料更新時，Vue 如何自動更新頁面中所顯示的值：這稱為響應性（reactivity）。

- 雙向資料綁定（two-way data binding）：運用 v-model 在一個輸入項中顯示資料並在輸入值有變動時，更新 data 物件。

- 如何運用 v-html 以 data 物件設定元素的內層（inner）HTML。

- 如何運用方法（methods）製作出可在樣版及整個 Vue 實例中使用的函式（functions）。我們也已瞭解方法中 this 的意義。

- 如何運用計算屬性產生如 data 物件屬性般可存取的值，不過它只會在執行期中進行計算，並被製作成函式。

- 如何運用監視器監看 data 物件屬性或計算屬性，並在這些屬性有變化時做一些工作——不過，非必要應儘量避免使用監視器，並用計算屬性來替代之。

- 過濾器，可操作樣版中資料的便利方式——舉例來說，為資料設定格式時很好用。

- 透過 ref 直接存取元素的方法，若你正使用與 Vue 搭配得不是很好的第三方程式庫或要做一些 Vue 本身沒辦法處理的工作時，就可以使用它。

- 如何運用 v-on 或運用 @ 接事件名稱的短語法，進行事件綁定。

- Vue 實例的生命週期以及如何運用掛接（hooks）在其上執行程式的方法。

- 如何製作自定指令的方法。

- Vue 搭配 CSS 轉場與 JavaScript 動畫的功能。

第二章

Vue.js 中的組件

你已聽過我提到組件好幾次了,但組件是什麼?組件(*component*)是一段獨立的程式碼,代表一部分的網頁。組件有自己的資料與 JavaScript,通常也都帶有自己的樣式。它們可以包含其他的組件,也能彼此進行溝通。組件可以是小如按鈕或圖示(icon)的元素,也可以是能在整個網站或網頁中重複使用的表單(form)這種較大的元素。

將程式碼分拆進組件的主要優點是,負責網頁每一部分的程式碼跟該組件的其他程式碼會寫在靠近的地方。如此一來,就不需要在一大堆 JavaScript 檔中搜尋一個選取器(selector),才能瞭解事件監聽器中加入了什麼;JavaScript 就寫在 HTML 旁邊!因為組件是獨立的,你也可以確保一個組件中的程式碼不會影響到其他組件或產生任何的副作用。

組件基礎

我們直接切入主題並編寫示範用的簡單組件:

```
const CustomButton = {
  template: '<button>Custom button</button>'
};
```

這樣就是組件。你可以透過 components 物件將這個組件傳進 app 中:

```
<div id="app">
  <custom-button></custom-button>
</div>
<script>
  const CustomButton = {
    template: '<button>Custom button</button>'
```

```
    };

    new Vue({
      el: '#app',
      components: {
        CustomButton
      }
    });
</script>
```

這會在網頁中輸出這個自定的按鈕。

你也可以透過 Vue.component() 方法,將組件註冊到全域範圍中,寫法如下:

```
Vue.component('custom-button', {
  template: '<button>Custom button</button>'
});
```

如此你就可用跟前例一樣的方式,在樣版中使用這個組件,不過,就不需要在 components 物件中指定使用它了;現在到處都可以取用它。

資料、方法與計算屬性

每一個組件都有自己的資料、方法、計算屬性與之前看過的那些東西——就跟 Vue 實例本身一樣。定義組件的物件與定義 Vue 實例用的物件類似,在許多地方的用法都相同。比方說,要用一些資料與一個計算屬性定義出一個全域組件的話,可以這樣寫:

```
Vue.component('positive-numbers', {
  template: '<p>{{ positiveNumbers.length }} positive numbers</p>',
  data() {
    return {
      numbers: [-5, 0, 2, -1, 1, 0.5]
    };
  },
  computed: {
    positiveNumbers() {
      return this.numbers.filter((number) => number >= 0);
    }
  }
});
```

之後就可以在 Vue 樣版中的任何地方以 <positive-numbers></positive-numbers> 來使用它。

你或許有注意到組件與 Vue 實例間的一個微小差異：即 Vue 實例中的 data 屬性是一個物件，而組件中的 data 屬性則是一個函式。這是因為你可以在同一頁面中的好幾個地方使用組件，而不讓它們共用同一個 data 物件——試想，若你點按了一個按鈕，在頁面另一邊的按鈕對此也會產生回應的話，那會是什麼樣的狀況！因此，組件中的資料屬性應該是一個函式，當該組件初始化之後，Vue 就會叫用這個函式以產生 data 物件。若你忘了將組件中的資料屬性寫成函式，Vue 會發出警告。

傳遞資料

組件很好用，但還是要傳資料給它們才能發揮其功用。你可以透過 *props* 將資料傳給組件。如下列範例：

```
<div id="app">
  <color-preview color="red"></color-preview>
  <color-preview color="blue"></color-preview>
</div>
<script>
  Vue.component('color-preview', {
    template: '<div class="color-preview" :style="style"></div>',
    props: ['color'],
    computed: {
      style() {
        return { backgroundColor: this.color };
      }
    }
  });

  new Vue({
    el: '#app'
  });
</script>
```

這個被傳進組件的 props 代表 HTML 中的屬性（如 color="red"）；在組件中，*props* 屬性中所存的是能被傳入組件之 props 的名稱——在本例中，其所代表的就是一種顏色。之後我們就可以用 this.color 來取存這個屬性值。

上述程式碼所輸出的 HTML 碼如下：

```
<div id="app">
  <div class="color-preview" style="background-color: red"></div>
  <div class="color-preview" style="background-color: blue"></div>
</div>
```

Prop 的驗證

除了傳入內含組件可接收的 props 名稱的簡單陣列外，也可以傳入內含其型別（type）、是否必要、預設值與供高階驗證用的自定驗證器函式等資訊的物件。

傳入如 Number、String、Object 等原生建構子（native constructor）或會以 instanceof 檢查的自定建構子函式（constructor function），則可指定一個 prop 的型別。比方說：

```
Vue.component('price-display', {
  props: {
    price: Number,
    unit: String
  }
});
```

若 price 不是數值（number），或 unit 不是字串（string），則 Vue 會發出警告。

若一個 prop 要能代表多種型別的資料，則需傳入內含所有有效型別的陣列，如 price: [Number, String, Price]（其中 Price 是一個自定的建構子函式）。

你也可以指定一個 prop 是否為必要的屬性，或者給定它的預設值。要設定這些，如前面做過的，先指定一個物件，不是建構子，然後透過物件的 type 屬性來傳入型別：

```
Vue.component('price-display', {
  props: {
    price: {
      type: Number,
      required: true
    },
    unit: {
      type: String,
      default: '$'
    }
  }
});
```

在這個例子中，price 是一個必要的屬性，若其值沒有被指定，則會發出警告。unit 並不是必要的，但其預設值為 $，因此，若你沒有傳入任何的值，在組件中的 this.unit 會等於 $。

最後，你也可以傳入一個驗證器函式，它會接收該 prop 的值，若該值合符規範，則回傳
true，若不符合規範，則回傳 **false**。比方說，底下的範例能驗證該數值是否大於 0，如
此即可避免該值會是一個負數：

```
price: {
  type: Number,
  required: true,
  validator(value) {
    return value >= 0;
  }
}
```

Props 的命名

Vue 以一種很好的方式來處理 props 的命名：或許你只會在 HTML 中使用烤串式
（kebab case）命名法（如 my-prop=""），但你又不想在 JavaScript 中用 this[*my-prop*] 的
方式來參照 props。以駝峰式（camel case）命名法（this.*myProp*）來命名，不但打字方
便，讀來也容易。

還好，Vue 會幫你處理這些。在 HTML 中以烤串式命名的 props，在組件中會被自動轉
換成駝峰式的命名：

```
<div id="app">
  <price-display percentage-discount="20%"></price-display>
</div>
<script>
  Vue.component('price-display', {
    props: {
      percentageDiscount: Number
    }
  });

  new Vue({
    el: '#app'
  });
</script>
```

我們無須做任何事，這會自動進行轉換。

響應性

你已經知道當 data 物件、方法或計算屬性的值有變動時,樣版也會跟著變動,props 也是如此。v-bind 可用來將親代(parent)上的 prop 與一個值綁定,當此值變動時,組件中用到它的地方全部會跟著更新。

我們來看一個簡單的例子,設定一個組件讓它顯示透過 prop 傳給它的數值:

```
Vue.component('display-number', {
  template: '<p>The number is {{ number }}</p>',
  props: {
    number: {
      type: Number,
      required: true
    }
  }
});
```

接著在網頁中顯示每秒會加 1 的數值:

```
<div id="app">
  <display-number v-bind:number="number"></display-number>
</div>
<script>
  new Vue({
    el: '#app',
    data: {
      number: 0
    },
    created() {
      setInterval(() => {
        this.number++;
      }, 1000);
    }
  });
</script>
```

這個傳給 display-number 組件的數字每秒遞增 1(別忘了,created 函會在實例被產生後執行),如此這個 prop 每秒都會變動。Vue 很機伶,它會看到這個情況,然後更新網頁。

若傳入的不是字串，就必須要使用 v-bind。下列程式碼會丟出警告：

```
<display-number number="10"></display-number>
```

這是因為值會以字串而不是數值形式傳進去，要傳入數值，在將其傳入前，必須加上 v-bind 將其視為運算式 (expression) 求值：

```
<display-number v-bind:number="10"></display-number>
```

資料流與 .sync 修飾子

資料會從親代透過 prop 傳給子代，當資料在親代中被更新時，傳給子代的 prop 也會跟著更新。不過，你並不能在子代組件中改變該 prop。這稱為單向下行綁定（one-way-down binding），避免無意間影響到親代的狀態。

雖然如此，在某些情況下，雙向資料綁定（two-way data binding）還是能派上用場的。若需要作雙向資料綁定，可以運用一個修飾子來做：即 .sync 修飾子。它只是語法糖（syntactical sugar），請看底下的例子：

```
<count-from-number
  :number.sync="numberToDisplay"
/>
```

這段程式碼等同於底下的程式碼：

```
<count-from-number
  :number="numberToDisplay"
  @update:number="val => numberToDisplay = val"
/>
```

因此，為了改變親代組件中的值，你需要發送（emit）update:number 事件，其中的參數——在此為 number——是要更新之值的名稱。

底下說明如何製作一個能接收初始值，然後由該值開始遞增，同時也更新親代的值：

```
Vue.component('count-from-number', {
  template: '<p>The number is {{ number }}</p>',
  props: {
    number: {
      type: Number,
      required: true
    }
  },
  mounted() {
    setInterval(() => {
```

```
      this.$emit('update:number', this.number + 1);
    }, 1000);
  }
});
```

該區域值並不會被改變，不過組件會改變親代中將傳回給這個組件的值。

在某些情況下，在計算屬性中包裝（wrap）發送（emit）的邏輯會比較好，如：

```
Vue.component('count-from-number', {
  template: '<p>The number is {{ localNumber }}</p>',
  props: {
    number: {
      type: Number,
      required: true
    }
  },
  computed: {
    localNumber: {
      get() {
        return this.number;
      },
      set(value) {
        this.$emit('update:number', value);
      }
    }
  },
  mounted() {
    setInterval(() => {
      this.localNumber++;
    }, 1000);
  }
});
```

如此，localNumber 的效用就跟 number 一樣。它會從 prop 取得數值，若被更新，則發送事件以一併更新親代組件中的值（這個更新後的值稍後會再被傳回）。

 進行這種操作時要注意無窮迴圈的問題：若親代與子代組件都對值的改變有所反應並變動了值，你的 app 就毀了！

若你只是要改變以 prop 傳進來的值，不更新親代組件中的對應值，則可在初始資料函式中參照到 this，將 prop 的值複製到 data 物件中即可，如：

```
Vue.component('count-from-number', {
  template: '<p>The number is {{ number }}</p>',
  props: {
    initialNumber: {
      type: Number,
      required: true
    }
  },
  data() {
    return {
      number: this.initialNumber
    };
  },
  mounted() {
    setInterval(() => {
      this.number++;
    }, 1000);
  }
}),
```

如此操作時要注意的是，prop 更新時，該組件並不會更新，因為其所參考到的是不同的值。若要在新數值傳入時重啟計數器，則可在 initialNumber 加上監視器（watcher），它會將新值複製給 number。

自定輸入與 v-model

如同 .sync 運算子，我們可以用 v-model 在組件中產生自定輸入。它也是語法糖。如下列程式碼：

```
<input-username
  v-model="username"
  />
```

這段程式碼等同於下列程式碼：

```
<input-username
  :value="username"
  @input="value => username = value"
  />
```

如此，要產生 InputUsername 組件時，我們要它做二件事：首先，它需要從 value prop 處讀取初始值，然後它需要在該值有變動時發送一個 *input* 事件。為了要配合這個範例，我們也要讓組件在將這些值發送之前，把它們都改成小寫。

這裡沒辦法用上一段中所使用的那二種方法（即發送事件去改值或使用計算屬性）。在此，我們必需在輸入項上監聽 input 事件：

```
Vue.component('input-username', {
  template: `<input type="text" :value="value" @input="handleInput">`,
  props: {
    value: {
      type: String,
      required: true
    }
  },
  methods: {
    handleInput(e) {
      const value = e.target.value.toLowerCase();

      // 若值有變，輸出項上的值也要跟著更新。
      if (value !== e.target.value) {
        e.target.value = value;
      }

      this.$emit('input', value);
    }
  }
});
```

現在你可以像使用輸入元素的方式來使用這個組件了：使用 v-model 會有同樣的效果。唯一的不同是大寫字母不能用了！

上列範例會產生一個問題：若輸入大寫字母，游標會移到字串的最後面。若是在第一次輸入某人的姓名時，這並不會有問題，但若是使用者要回頭來改其內容的話，游標就會跳過頭了。

這個問題很容易解決，但已超出上例所要涵蓋的範圍；在設定 e.target. value 前，將目前游標的位置存下來，然後在內容更改後，再將其位置設定回來即可。

以 Slots 將內容傳進組件

除了以 props 將資料傳入組件外，Vue 也可以讓你傳 HTML 進組件。比方說，若你要製作一個自定的按鈕，可以用一個屬性來設定其上的文字：

```
<custom-button text="Press me!"></custom-button>
```

這樣寫是可行的，但底下的寫法則自然許多：

```
<custom-button>Press me!</custom-button>
```

要在組件中使用這文字，可以下列程式碼的方式運用 `<slot>` 標籤來做：

```
Vue.component('custom-button', {
  template: '<button class="custom-button"><slot></slot></button>'
});
```

如此，就會產生下列的 HTML 碼：

```
<button class="custom-button">Press me!</button>
```

除了可傳入字串外，你也可以傳入任何的 HTML；甚至可以傳入其他的 Vue 組件。如此就可以在不讓組件過大的情況下，製作複雜的文件。你可以將網頁拆分成一個標頭（header）、一個側欄（sidebar）以及一個內容組件，網頁的樣版就像這樣：

```
<div class="app">
  <site-header></site-header>

  <div class="container">
    <site-sidebar>
      ...sidebar content goes here...
    </site-sidebar>

    <site-main>
      ...main content goes here...
    </site-main>
  </div>
</div>
```

這是一種好網站架構方式，特別是在開始使用定域 CSS （scoped CSS）與 vue-router 之後，本書會作介紹。

替補內容

若你在 `<solt>` 元素內指定了內容，這些內容會在原本預期的內容沒有傳入組件時，被視為替補內容（fallback content）。讓我們為之前的 `<custom-button>` 組件加上一些預設文字作為替補內容：

```
Vue.component('custom-button', {
  template: `<button class="custom-button">
    <slot><span class="default-text">Default button text</span></slot>
  </button>`
});
```

在樣版字串中寫 HTML 看來有點笨拙，我們用 HTML 將這個範例再書寫一遍：

```
<button class="custom-button">
  <slot>
    <span class="default-text">Default button text</span>
  </slot>
</button>
```

除了有預設文字外，也被一個帶有 `default-text` 類別的 `span` 元素包著。但這些都是選用的 —— 你不一定要在一個槽組件（slot component）或替補內容中，用一個標籤（tag）將內容包起來；你可以寫進任何的 HTML。

我會在第 67 頁的 "vue-loader 與 .vue 檔案" 中說明如何將 HTML 自組件拆出來。樣版屬性只適用在很單純的範例中。

具名槽

在上一段中，你已見過單槽（single slots）。它們應該是最常見的一種槽，也最容易瞭解：傳入組件的內容會被輸出成元素中的 `<slot>` 組件。

還有一種槽是帶有名稱的。具名槽（named slots）帶有 —— 你已猜到了 —— 名稱，如此，同一個組件中，就可以有好幾個槽。

若我們有一個帶有標頭（通常是標題，不過有時可能是其他東西。）與一些文字的部落格貼文組件。這個組件可能具有如下的樣版：

```
<section class="blog-post">
  <header>
    <slot name="header"></slot>
    <p>Post by {{ author.name }}</p>
```

```
  </header>

  <main>
    <slot></slot>
  </main>
</section>
```

之後當我們在樣版中叫用組件時，可以用 slot 屬性指明某元素應被視為是標頭槽，而其餘的 HTML 會被當成無名槽（unnamed slot）使用：

```
<blog-post :author="author">
  <h2 slot="header">Blog post title</h2>

  <p>Blog post content</p>

  <p>More blog post content</p>
</blog-post>
```

產生的 HTML 如下：

```
<section class="blog-post">
  <header>
    Blog post title</h2>
    <p>Post by Callum Macrae</p>
  </header>

  <main>
    <p>Blog post content</p>

    <p>More blog post content</p>
  </main>
</section>
```

定域槽

我們可以將資料傳回槽組件，如此就可在父組件的標註（markup）中存取組件資料。

我們來做一個可以取得使用者資訊的組件，不過要讓父元素顯示資料：

```
Vue.component('user-data', {
  template: '<div class="user"><slot :user="user"></slot></div>',
  data: () => ({
    user: undefined,
  }),
```

```
  mounted() {
    // 設定 this.user...
  }
});
```

任何傳入 `<slot>` 的屬性，都可以透過定義在 slot-scope 中的變數取得。我們來叫用這個組件，並用 HTML 將使用者資訊顯示出來：

```
<div>
  <user-data slot-scope="user">
    <p v-if="user">User name: {{ user.name }}</p>
  </user-data>
</div>
```

在覆寫（overriding）一元素的樣式時，這個搭配具名槽的功能是很有用的。顯示部落格貼文概要（summaries）的列表：

```
<div>
  <div v-for="post in posts">
    <h1>{{ post.title }}</h1>
    <p>{{ post.summary }}</p>
  </div>
</div>
```

相當簡單。它以 posts 來存放貼文的陣列，然後輸出所有貼文的標題與概要。我們可以這樣子寫來使用它：

```
<blog-listing :posts="posts"></blog-listing>
```

我們來做另一個版本，可傳入 HTML 來顯示貼文的概要——需要在網頁中顯示影像時就會用到。先將段落元素（paragraph element）包裝進一個具命槽元素中，用來存放概要，然後就可以將之覆寫。

我們的新組件看來像這樣：

```
<div>
  <div v-for="post in posts">
    <h1>{{ post.title }}</h1>

    <slot name="summary" :post="post">
      <p>{{ post.summary }}</p>
    </slot>
  </div>
</div>
```

現在原方法中的組件仍可正常運作，因為在沒有提供槽元素時，段落元素還是可以被當作是替補內容，不過若需要的話，我們可以覆寫這個貼文概要元素。

我們來覆寫這個概要，讓它在原貼文概要的地方顯示影像：

```
<blog-listing :posts="posts">
  <img
    slot="summary"
    slot-scope="post"
    :src="post.image"
    :alt="post.summary">
</blog-listing>
```

現在顯示的就是影像而不是文字了，原貼文概要被改成為影像的替代文字（alternate text）；這很重要，如此使用者就可以使用如螢幕報讀器（screen readers）作為輔具，瞭解貼文的概要。

槽作用域的解構

還有一種便利的用法，即將 slot-scope 參數當作是函式的一個參數，如此就可以套用解構。

我們用解構的方式來重寫前例：

```
<blog-listing :posts="posts">
  <img
    slot="summary"
    slot-scope="{ image, summary }"
    :src="image"
    :alt="summary">
</blog-listing>
```

自定事件

除了可使用原生的 DOM 事件外，你也可以運用 v-on 搭配可從組件中發送的自定事件。你必須使用 this.$emit() 方法並加入事件名稱與要傳遞的參數來發送自定事件，接著就可以在組件中使用 v-on 以監聽事件。

底下是一個每次被點按就會發送 count 事件出去的簡單組件：

```
<div id="app">
  <button @click="handleClick">Clicked {{ clicks }} times</button>
</div>

<script>
  new Vue({
    el: '#app',
    data: () => ({
      clicks: 0
    }),
    methods: {
      handleClick() {
        this.clicks++;
        this.$emit('count', this.clicks);
      }
    }
  });
</script>
```

每次按鈕被按下時，它會觸發 count 事件，其中所帶的參數是按鈕被點按的次數。

運用這個組件時，我們可以使用 v-on 並搭配該自定事件來監聽事件，就如同之前的
v-on 搭配點按事件那樣。底下的範例可接收計算器發送的數字，並將之顯示在網頁中：

```
<div id="app">
  <counter v-on:count="handleCount"></counter>

  <p>clicks = {{ clicks }}</p>
</div>
<script>
  const Counter = {
    // 組件置於此
  };

  new Vue({
    el: '#app',
    data: {
      clicks: 0,
    },
    methods: {
      handleCount(clicks) {
        this.clicks = clicks;
      }
    },
```

```
      components: {
        Counter
      }
    });
  </script>
```

在組件內進行操作時，我們也可在組件中使用 $on 方法監聽由同一組件所派發
（dispatched）出的事件。這跟其他的事件派發器（dispatcher）的運作方式非常類似：
在你使用 $emit 發送事件出去的時候，使用 $on 的相關事件處理器就會被觸發。但不能
使用 this.$on 監聽由子組件發送出的事件；你可以使用 v-on 或組件上的 ref 來叫用組件
自身上的 $on：

```
  <div id="app">
    <counter ref="counter"></counter>
  </div>
  <script>
    // 為了簡化，組件中的一些碼已被省略。
    new Vue({
      el: '#app',
      mounted() {
        this.$refs.counter.$on('count', this.handleCount);
      }
    });
  </script>
```

還有二個方法可用來搭配事件：即 $once 與 $off。$once 的行為與 $on 相同，但它只會被
觸發一次——即事件的第一次發送時——而 $off 則用來移除對事件的監聽。這二個方法
的行為類似標準事件發送器，如 Node.js 的 EventEmitter 與 jQuery 的 .on()、.once()、.
off() 以及 .trigger()。

因為 Vue 內建完整的事件發送器，使用 Vue 時，並不需要匯入你自己的事件發送器。既
使你所寫碼的是 Vue 組件的一部分，你還是可以透過 new Vue() 製作新實例的方式，善
用 Vue 事件發送器的優勢。請看底下的範例：

```
  const events = new Vue();

  let count = 0;
  function logCount() {
    count++;
    console.log(`Debugger function called ${count} times`);
  }

  events.$on('test-event', logCount);
```

```
setInterval(() => {
  events.$emit('test-event');
}, 1000);

setTimeout(() => {
  events.$off('test-event');
}, 10000);
```

這段程式每 10 秒會記錄（logs）一次資料到主控台（console）中，直至事件處理器
被 .$off() 為止。

當你要讓 Vue 程式與非 Vue 程式進行溝通時，這個方法就很有用——可能的話，用 vuex
來做，效果通常會更好。

混入

混入（*mixins*）是一種將程式碼儲存下來以在幾個元素間重複使用的方法。比方說，你
有一些組件用來呈現不同類型的使用者，雖然使用者要不要顯示是依據其類型來決定
的，但其中還是會有一大部分的邏輯是各組件都可以通用的。在這種情況下，你有三種
方法來做這件事：可以在所有的組件中放進重複的程式碼（顯然這並不是好的作法）；
可以將相同的碼拆出來寫成函式，然後將之存成一個工具檔；此外，你也可以使用混
入。在這個範例中，最後的二種方法很類似，不過運用混入的話，會更符合 Vue 的風
格——底下會介紹許多不同的案例，於其中運用混入的話，就更有威力。

任何放在混入中的碼都可以在內含該混入的組件中使用。我們先來製作一個混入，可以
在使用它的組件中加入一個名為 getUserInformation() 的方法：

```
const userMixin = {
  methods: {
    getUserInformation(userId) {
      return fetch(`/api/user/${userId}`)
        .then((res) => res.json);
    }
  }
};
```

將它加入組件中，然後這樣子用：

```
import userMixin from './mixins/user';

Vue.component('user-admin', {
  mixins: [userMixin],
  template: '<div v-if="user">Name: {{ user.name }}</div>',
  props: {
    userId: {
      type: Number
    }
  }
  data: () => ({
    user: undefined
  }),
  mounted() {
    this.getUserInformation(this.userId)
      .then((user) => {
        this.user = user;
      });
  }
});
```

Vue 會自動將這個方法加到該組件中——即它被 "混入" 了。

除了方法之外，Vue 組件可以做的事，混入也幾乎可以做，好似混入就是組件的一部分。比方說，我們來改一下上頭的混入，讓它可以負責資料儲存與 mounted 掛接：

```
const userMixin = {
  data: () => ({
    user: undefined
  }),
  mounted() {
    fetch(`/api/user/${this.userId}`)
      .then((res) => res.json())
      .then((user) => {
        this.user = user;
      });
  }
}
```

現在，組件就可以簡化成：

```
import userMixin from ./mixins/user';

Vue.component('user-admin', {
  mixins: [userMixin],
  template: '<div v-if="user">Name: {{ name.user }}</div>',
  props: {
    userId: {
      type: Number
    }
  }
});
```

這樣子寫雖然可讓組件變得簡單許多，但資料的來源可能會比較不清楚。在決定什麼要放在混入，什麼要放在組件的時候，你需要作一些取捨。

合併混入與組件

若混入與組件有重複的地方（keys）── 如，若它們都有一個名為 addUser() 的方法，或都會用到 created() 掛接時 ── 會因 Vue 視其為混入或組件而有不同的處理方式。

拿生命週期掛接來說 ── 如 created() 或 beforeMount() ── Vue 會將它們加進陣列中且二者都會執行：

```
const loggingMixin = {
  created() {
    console.log('Logged from mixin');
  }
};

Vue.component('example-component', {
  mixins: [loggingMixin],
  created() {
    console.log('Logged from component');
  }
});
```

組件產生時，"Logged from mixin" 與 "Logged from component" 都會被寫到主控台中。

就重複的方法、計算屬性或其他不是生命週期的掛接而言，組件的屬性會覆寫（override）混入的屬性。

比方說：

```
const loggingMixin2 = {
  methods: {
    log() {
      console.log('Logged from mixin');
    }
  }
};

Vue.component('example-component' {
  mixins: [loggingMixin2],
  created() {
    this.log();
  },
  methods: {
    log() {
      console.log('Logged from component');
    }
  }
};
```

現在主控台中只會記錄 "Logged from component"，因為組件中的 log() 覆寫了混入的 log()。

有時是我們故意這樣做的，但有時也可能是沒有注意而將不同地方的二個方法取成同樣的名稱，如此就可能產生某一個方法會被覆寫掉的問題！因是之故，Vue 官方的風格指引建議，為混入中的私有屬性（如不應該在混入之外被使用的方法、資料與計算屬性）命名時，應該加入混入的名稱（*$yourMixinName*）為其前綴（prefix）。上述混入的 log() 方法應該改為 $_loggingMixin2_log()。在編寫插件（plug-ins）時要特別注意這點，因為使用者會將你的插件放到他們自己的程式裡頭。

vue-loader 與 .vue 檔案

在第 4 頁的 "安裝與設定" 中我曾提過安裝 Vue 的方法，也簡單談到設定 vue-loader 的方法。用 Vue.component() 來寫組件或者將它們做成物件時，可能會有點亂，就較複雜的組件而言，其實不需要將一大堆 HTML 碼寫在組件的 template 屬性裡頭。vue-loader 可讓你透過合邏輯且容易瞭解的語法將一個組件寫在一個 *.vue* 檔案中。

若你已設定好 vue-loader，就可以將下列之前看過的組件拿來修改：

```
Vue.component('display-number', {
  template: '<p>The number is {{ number }}</p>',
  props: {
    number: {
      type: Number,
      required: true
    }
  }
});
```

將之改成：

```
<template>
  <p>The number is {{ number }}</p>
</template>

<script>
  export default {
    props: {
      number: {
        type: Number,
        required: true
      }
    }
  };
</script>
```

將上列的程式碼儲存在 *display-number.vue* 檔後，你就可以將它匯入到應用程式中，透過使用物件的語法來使用它：

```
<div id="app">
  <display-number :number="4"></display-number>
</div>
<script>
  import DisplayNumber from './components/display-number.vue';

  new Vue({
    el: '#app',
    components: {
      DisplayNumber
    }
  });
</script>
```

經過 webpack 與 vue-loader 的處理後，程式碼會如之前搭配 display-number 組件的範例那樣順利運行。但它沒辦法在瀏覽器裡頭執行；要先經過預處理器的處理才行。

將組件拆分成檔案可讓你的程式碼較容易管理。與其將所有組件都寫在一個大檔裡，將它們存放在命名適當的資料夾中是比較好的作法——資料夾可以用網站中某一區塊的用途來命名，或是依照組件的類型或大小來命名。

Non-prop 屬性

若你在組件中指定的屬性不需要用到 prop，它會被加到組件的 HTML 根元素上。比方說，若要在前例中的 `<display-number>` 組件中加入一個類別，你要將之加在叫用組件的位置上：

```
<display-number class="some-class" :number="4"></display-number>
```

底下是其輸出：

```
<p class="some-class">The number is 4</p>
```

這種方式適用於任何的 HTML 性質（property）或屬性（attribute），並不只限於 class。

若我們在組件與組件的根元素上指定相同的屬性會如何？在大部分的情況下，若在這二個地方指定了相同的屬性，則組件上的屬性會將組件樣版上的覆寫掉。請看底下的範例：

```
<div id="app">
  <custom-button type="submit">Click me!</custom-button>
</div>
<script>
  const CustomButton = {
    template: '<button type="button"><slot></slot></button>'
  };

  new Vue({
    el: '#app',
    components: {
      CustomButton
    }
  });
</script>
```

在組件樣版上，我們在按鈕中設定了 **type="button"**，但在叫用組件時，又指定了 **type="submit"**。在指定給組件的屬性，不是在組件裡頭的，會覆寫掉樣版上的，底下是上例的輸出：

```
<button type="submit">Click me!</button>
```

大部分的屬性會覆寫掉樣版中的屬性，但 class 與 style 會稍聰明一些，它們的值會被合併。我們來看底下的範例：

```
<div id="app">
  <custom-button
    class="margin-top"
    style="font-weight: bold; background-color: red">
    Click me!
  </custom-button>
</div>
<script>
  const CustomButton = {
    template: `
        <button
          class="custom-button"
          style="color: yellow; background-color: blue">
          <slot></slot>
        </button>`
  };

  new Vue({
    el: '#app',
    components: {
      CustomButton
    }
  });
</script>
```

幾個類別（classes）會被併在一起，所以 custom-button margin-top 以及樣式屬性會被合併而變成 color:yellow; background-color:red; font-weight: bold;。請注意組件屬性 background-color 會覆寫掉寫在組件樣版中的 background-color。

組件與 v-for

使用 v-for 在陣列或物件上套用迴圈操作時,指令處理到的陣列或物件會改變,但 Vue 並不會再重複產生每一個元素;它會聰明地找到有哪一個元素需要作改變,然後就只調整那些。比方說,若有一個陣列要當作列表元素輸出到頁面中,而你又要在列表尾端加進另一個項目時,現有元素就不會變動,新的元素會在陣列尾端產生。若陣列中的元素需要調整,則只有這個元素會被調整。

不過,當你要在列表中移除或加入一個項目時,Vue 並不會去算是哪一個與項目對應的元素要被移除;它會從要變動的那個點起到陣列尾端,逐一更新每一個元素。陣列內容單純時,這不會造成問題,但若是較複雜的內容甚或是帶有組件的元素,你就不能讓 Vue 用這種方式來處理。

在運用 v-for 時,Vue 可讓你指定一個 key 以告訴 Vue 哪一個元素應該與陣列中的每一個項目搭配,而正確的元素就可以被刪除。在預設的條件下,這個鍵(key)就是元素在迴圈中的索引(index)。底下的範例碼說明這種運作方式:

```
<template>
  <demo-key v-for="(item, i) in items" @click.native="items.splice(i, 1)">
    {{ item }}
  </demo-key>
</template>

<script>
  const randomColor = () => `hsl(${Math.floor(Math.random() * 360)}, 75%, 85%)`;

  const DemoKey = {
    template: `<p :style="{ backgroundColor: color }"><slot></slot></p>`,
    data: () => ({
      color: randomColor()
    })
  };

  export default {
    data: () => ({
      items: ['one', 'two', 'three', 'four', 'five']
    }),
    components: {
      DemoKey
    }
  };
</script>
```

被加進來的的點按處理器（click handler）套用了 .native 修飾子，因為如此才能在組件中加入原生（native）DOM 事件的監聽器。沒有 .native 的話，事件處理器不會被叫用。

這個範例將輸出 5 個內含 1 到 5 數字且隨機選色的段落元素，如下：

one	Mint Green
two	Pink
three	Yellow
four	Rose
five	Blue

點按其中的一個段落會將對應的項目從 items 陣列中移除。若點按的是第二個元素——在上圖中，標為 *two* 的元素——你可能會認為該元素會被移除，然後標示為 *three* 的元素會變成第二個。實際上並不會這樣！如此操作的話，你會得到底下的結果：

one	Mint Green
three	Pink
four	Yellow
five	Rose

這是因為 Vue 的區別機制（diffing mechanism）所致：第二個元素被移掉了，所以 Vue 會更新元素的文字以反應這個改變，然後下一個元素再接著更新，然後再下一個，直到陣列結尾，因此被移除掉的是最後的元素。也許這不是你想要的，我們在上例中加入 key，讓 Vue 知道要刪的是哪一個元素：

```
<template>
  <demo-key
    v-for="(item, i) in items" :key="item"
    @click.native="items.splice(i, 1)">
```

```
      {{ item }}
    </demo-key>
  </template>
```

鍵（key）要是一個搭配陣列項目的唯一數字或字串。在本例中，陣列項目本身是字串，所以可以用它來作為鍵。

 經常看到有人將陣列索引指定給鍵的情況（如，將上例改成，:key="i"）。除了某些特定的情況外，你應該不是要這麼做的！雖然這樣做並不會有警告訊息出現，但就會有上述的問題發生，即被刪掉的並不是預期中的那個元素。

現在，點按第二個元素就會把 *two* 與相對應的元素自陣列中移除，結果如下：

one	Mint Green
three	Yellow
four	Rose
five	Blue

在一般情況下盡量指定一個鍵，如上例，直接在組件上套用 v-for 時，一定要使用鍵。在上例中 Vue 會在主控台中記錄下警告訊息。

本章總結

組件非常適合用來將程式碼拆分成幾個能各自處理特定工作的邏輯區塊。你已在本章中看到製作與使用組件的方法了。用 Vue.component() 方法處理的是全域組件，透過 components 屬性與物件處理的則是區域組件。

你也瞭解如何透過 props 將資料傳進組件的方法，也知道如何驗證這些 props，以及不使用 .sync 時或為資料輸入所寫的自定 update 事件中，資料會往下傳而不往上傳。

我介紹了如何透過槽（slots）將 HTML 或組件傳給另外的組件，如此可以輕鬆地製作版面組件或替補內容（fallback content）。

你已知道可透過自定事件,讓組件將資訊傳給其親代元件。

你也瞭解如何使用混入(mixins)將通用的邏輯移出組件並在組件中共用。

你已看過 vue-loader 而且瞭解如何運用它來透過 webpack 產生單檔組件——內含一個將 HTML、JavaScript 與樣式邏輯妥善安排的檔。

最後,你也瞭解若在組件上指定了一個不作為 prop 的屬性會有什麼效果,以及為何在組件上套用 v-for 時應該要用 :key 的原因。

第三章

以 Vue 處理樣式

Vue 能協助你透過幾種方式為網站或應用程式製作樣式（style）。v-bind:class 與 v-bind:style 中都有特殊元件（helper）讓你能依據資料設定類別屬性與行內樣式（inline styles）。而且若你透過 vue-loader 來使用組件，它也可以讓你編寫只作用在寫有該 CSS 之組件內的定域 CSS（scoped CSS）。

類別綁定

我們運用 v-bind 以依據資料來新增或移除類別。運用 v-bind 設定類別屬性時，Vue 提供了一些改良過的簡潔方法，讓處理這類工作時更加便利。

 若你用過 React 中的 classNames 工具，則應該很熟悉 v-bind 的語法。除了一個是以函式參數形式，一個是以陣列項目形式來包裝外，二者基本上是相同的。

若傳陣列給 v-bind:class，其中的類別會被串在一起。如此，在依據資料或計算屬性來設定類別時，就很好用。請看下面的範例：

```
<div id="app">
  <div v-bind:class="[firstClass, secondClass]">
    ...
  </div>
</div>
<script>
  new Vue({
    el: '#app',
```

```
      data: {
        firstClass: 'foo'
      },
      computed: {
        secondClass() {
          return 'bar';
        }
      }
    });
  </script>
```

在這個範例中，`firstClass` 等於 `foo`，而 `secondClass` 的值為 `bar`，故 `div` 元素會有的類別屬性為 `foo bar`。

除了使用陣列之外，你也可以使用物件。物件會依據其值將鍵作為類別加進來：若其值為真，則該鍵就會被加成一個類別，否則，值若為假，就不會加進類別。

舉例來說，若綁定類別為 { *my-class*: shouldAddClass } 且 shouldAddClass 值為真，則會在該元素上加進 *my-class* 元素。你可以在該物件中指定一個以上的類別。請看底下的例子：

```
  <div id="app">
    <div v-bind:class="classes"></div>
  </div>
  <script>
    new Vue({
      el: '#app',
      data: {
        shouldBeBar: true
      },
      computed: {
        classes() {
          return {
            foo: true,
            bar: this.shouldBeBar,
            hello: false
          };
        }
      }
    });
  </script>
```

在這個範例中，所產生的類別屬性也會是 foo bar：foo 被設定成 true；bar 被設定成 this.shouldBeBar，其值也為 true；而 hello 因被設定為 false，故不會被套用到元素上。

雖然該物件用一個計算屬性回傳，但不一定要這樣做，你可以用行內方式指定物件。這種寫法只是要避免寫進好多類別時，程式過長。

透過變數加類別或者要視條件加類別時，也可以透過在陣列中使用物件的方法來合併運用陣列與物件：

```
<div v-bind:class="[
    'my-class',
    classFromVariable,
    { 'conditional-class': hasClass }
]"></div>
```

若你不需要用到陣列或物件，可以將類別指定成一般的字串，也可以透過內含類別名稱的變數來做。

行內樣式綁定

與上節所提到的 v-bind:class 類似，Vue 對 style 屬性亦提供了便利措施。在指定行內樣式時，可以將樣式指定成物件的方式，取代字串串接方式：

```
<div v-bind:style="{ fontWeight: 'bold', color: 'red' }"></div>
```

在這裡要注意到我們寫的是 fontWeight 而非 'font-weight'。Vue 會自動將物件屬性名稱由駝峰式轉成其對應的 CSS 屬性，也就是說，我們不需要在這方面操心。

雖然盡可能地使用類別來指定元素樣式通常是比較好的作法，但行內樣式綁定在透過變數設定樣式時也很好用。舉例來說，下列範例會輸出 12 個具不同顏色的元素，產生出一塊色板來：

```
<div id="app">
  <div
    v-for="n in 12"
    class="color"
    :style="{ backgroundColor: getColor(n) }">
  </div>
</div>
<script>
```

```
new Vue({
  el: '#app',
  methods: {
    getColor(n) {
      return `hsl(${(n - 1) * 30}, 100%, 75%)`;
    }
  }
});
</script>
```

套用某些 CSS 後,我們可以看到色板:紅色塊接著是綠色塊,一路排到粉紅色塊。

Vue 也會自動處理供應商前綴(vendor prefixing):若你設定了一個需要指定供應商前綴的樣式,Vue 會自動幫你加前綴上去。

陣列語法

你可以透過陣列來指定具多重樣式的物件:

```
<div :style="[baseStyles, moreStyles]">...</div>
```

二個物件的樣式都會被套用,若二者指定相同的樣式,則 moreStyles 指定的樣式會將 baseStyles 所指定的樣式覆寫掉。

多值

你也可以在陣列中提供好幾個值,以套用最後一個瀏覽器所支援的值:

```
<div :style="{ display: ['-webkit-box', '-ms-flexbox', 'flex'] }">...</div>
```

若瀏覽器支援的話,樣式會被設定成 display: flex;否則會嘗試設成 -ms-flexbox,還是不支援的話,再設成 -webkit-box。

定域 CSS 與 vue-loader 的搭配

你已看過如何使用 vue-loader 將組件拆成個別的 *.vue* 檔。你也可以再看看第 67 頁 "vue-loader 與 .vue 檔案" 中的範例:

```
<template>
  <p>The number is {{ number }}</p>
</template>
```

```
<script>
  export default {
    props: {
      number: {
        type: Number,
        required: true
      }
    }
  };
</script>
```

除了 `<template>` 與 `<script>` 標籤外，也可以在這些檔案中使用 `<style>` 標籤，樣式就會輸出到頁面上（你也可以設定 webpack 將樣式擷取到外部的 CSS 檔中）。假設我們要修改上例中的樣式，將數字改成粗體的話：

```
<template>
  <p>The number is <span class="number">{{ number }}</span></p>
</template>

<script>
  export default {
    props: {
      number: {
        type: Number,
        required: true
      }
    }
  };
</script>

<style>
  .number {
    font-weight: bold;
  }
</style>
```

數字現在變成粗體了。

與 JavaScript 不同，組件中的 CSS 會影響到頁面中的所有 HTML，而不是只影響到組件。對此，Vue 有個變通的方法：即使用定域 CSS（scoped CSS）。若在樣式標籤中加入 scoped 屬性，Vue 會自動處理 CSS 與 HTML，則該 CSS 就只會對組件內的 HTML 產生影響。

我們來看看這種方法的運作情形。若在前述的樣式標籤（現指的是 `<style scoped>`）中加進 scoped 屬性，則 HTML 的輸出如下：

```
<p data-v-e0e8ddca>The number is <span data-v-e0e8ddca class="number">10
  </span></p>

<style>
.number[data-v-e0e8ddca] {
  font-weight: bold;
}
</style>
```

Vue 會在組件的每一個元素上加進一個資料屬性，然後再將它加到 CSS 的選取器上，如此 CSS 就只會被套用到這些元素上。

CSS 模組與 vue-loader 的搭配

除了定域 CSS 外，還有另一種方法，你可使用 CSS 模組（modules）與 vue-loader 搭配：

```
<template>
  <p>The number is <span :class="$style.number">{{ number }}</span></p>
</template>

<style module>
  .number {
    font-weight: bold;
  }
</style>
```

`.number` 樣式會被一個隨機產生的樣式名稱所取代，而 `$style.number` 的值就會等於那個名稱，故 `.number` 選取器所指定的 CSS，只會被套用到一個元素上。

預處理器

你可以設定 vue-loader 讓預處理器（preprocessors）執行 CSS、JavaScript 以及 HTML。若你要善用如巢串（nesting）或變數的優勢，欲編寫 SCSS 來取代 CSS 的話，你可以透過二個步驟來達到這個目的——第一步，以 npm 安裝 sass-loader 與 node-sass，然後在樣式標籤中加上 lang="scss"：

```scss
<style lang="scss" scoped>
  $color: red;

  .number {
    font-weight: bold;
    color: $color;
  }
</style>
```

就是這麼簡單。定域 CSS 的部分還是會自動處理好;並不需要再做其他的設定。

vue-loader 還有一些其他的功能,但介紹這些功能已超出本書的範圍。若你想運用這些功能,我推薦你閱讀官方的文件。

其他的這些功能也可以在 vueify 裡找到,它是 vue-loader 中對應 Browserify 的工具。不過 vueify 並沒有像 vue-loader 這麼流行,所以我不對它進行說明。

本章總結

在這個簡短的章節中,你看到了一些 Vue 用來協助你為應用軟體製作樣式的方法,還有特別的 v-bind:class 與 v-bind:style 屬性,它們可以讓加入類別與設定樣式的工作變得更容易。你也學到了一些 vue-loader 用來處理樣式的特定功能:即定域 CSS、CSS 模組與預處理。

第四章

渲染函式與 JSX

你已經瞭解如何運用樣版屬性去設定組件的 HTML，你也知道如何運用 vue-loader 在 `<template>` 標籤中編寫組件的 HTML。不過運用樣版並不是指定 Vue 如何在頁面呈現內容的唯一方式：你也可以選擇使用渲染函式來處理這類的工作。不過要用這種方式的話，你要能在 Vue 應用程式中編寫 JSX 才行，若你曾學過 React，這應該是駕輕就熟的（我還是建議先以樣版來做）。

你也可以在主 Vue 實例中使用樣版屬性，避免讓 Vue 使用 Vue 元素中的 HTML。它會自動加進被你指定成 Vue 元素的元素中。

在你傳入一個函式給 Vue 實例的 render 屬性時，傳進去的是一個 createElement 函式，在其中可以寫進該輸出到網頁中的 HTML。底下的簡單範例會把 `<h1>Hello world!</h1` 輸出到網頁上：

```
new Vue({
  el: '#app',
  render(createElement) {
    return createElement('h1', 'Hello world!');
  }
});
```

createElement 可接受 3 個參數：欲產生元素的標籤名、物件選項（如 HTML 屬性（attributes）、性質（properties）、事件監聽器以及類別與樣式綁定），以及子節點或子節點的陣列。標籤名稱是必要的參數，其他二者則為選用（若你不指定屬性物件的話，則可指定該子節點為第二個參數。）接下來讓我們分別來看看這些參數。

標籤名稱

標籤名稱是最單純的參數也是唯一要指定的。它可以是字串或能回傳字串的函式。在上例中，我們回傳的是 h1，所以會有一個 `<h1>` 元素會被產生出來。渲染函式也能存取到 this，因此，可以將之設成 data 物件屬性、prop、計算屬性或其他資料的標籤名稱：

```
new Vue({
  el: '#app',
  render(createElement) {
    return createElement(this.tagName, 'Hello world');
  },
  data: {
    tagName: 'h1'
  }
});
```

渲染函式在樣版上具有這種能力是很大的優勢，要動態地設定標籤名稱並不容易也無法讀取。`<{{ tagName }}` 是無效的（也不容易讀取！）。

Data 物件

Data 物件是指定能影響組件或元素之屬性（attributes）的地方。編寫樣版時，屬性會寫在標籤名稱與右角括號（>）之間的地方。比方說，在 `<custom-button type="submit" v-bind:text="buttonText">` 中，屬性就是 `type="submit" v-bind:text="buttonText"`

在這個例子裡面，type 是要傳給組件的一般 HTML 屬性，而 text 則是與 buttonText 變數綁定的組件 prop。若要以 createElement 改寫，則可為：

```
new Vue({
  el: '#app',
  render(createElement) {
    return createElement('custom-button', {
      attrs: {
        type: 'submit'
      },
      props: {
        text: this.buttonText
      }
    });
  }
});
```

如此就不會再用到 v-bind；原因是我們可以透過 this.buttonText 直接參照到該變數。因為 this.buttonText 是該函式的依賴（dependency），渲染函式在 buttonText 與 DOM 更新時會自動再被叫用，與樣版無異。

範例 4-1 整合所有可用來進行本書中你已學過之所有操作的必要選項。

範例 4-1　選項物件的屬性（*attributes*）

```
{
  // HTML 屬性
  attrs: {
    type: 'submit'
  },

  // 要傳給組件的 props
  props: {
    text: 'Click me!'
  },

  // DOM 屬性，如 innerHTML（替代 v-html）
  domProps: {
    innerHTML: 'Some HTML'
  },

  // 事件監聽器
  on: {
    click: this.handleClick
  },

  // 與 slot="exampleSlot" 相同 - 當組件是另一組件的子代時使用
  slot: 'exampleSlot',

  // 與 key="exampleKey" 相同 - 供在迴圈鏈中產生的組件使用
  key: 'exampleKey',

  // 與 ref="exampleRef" 相同
  ref: 'exampleRef',

  // 與 v-bind:class="['example-class'... 相同
  class: ['example-class', { 'conditional-class': true }],

  // 與 v-bind:style="{ backgroundColor: 'red' }" 相同
  style: { backgroundColor: 'red' }
}
```

在此，class、style 與 attrs 屬性分開指定，這是因為 v-bind 輔助器的關係；若只將類別或樣式指定成 attrs 物件的屬性，就無法將類別指定成陣列或物件，或將樣式指定成物件。

還有一些屬性本書無法介紹到；完整的資料請參考官方文件。

子代

第三也是最後一個參數是用來指定元素的子代。它可以是一個陣列或字串。若它是字串，指定的字串會被渲染成該元素的文字；若它是陣列，則可在陣列中再叫用 createElement 以產生較複雜的樹。

 若指定的是子代而不是 data 物件的話，可以傳入 this 作為第二個參數替代第三個參數。

我們來看看前段程式碼中的樣版：

```
<div>
  <button v-on:click="counter++">Click to increase counter</button>
  <p>You've clicked the button {{ counter }}</p> times.
</div>
```

要以 createElement 做出相同的樣版，可以這樣寫：

```
render(createElement) {
  return createElement(
    'div',
    [
      createElement(
        'button',
        {
          on: {
            click: () => this.counter++,
          }
        },
        'Click to increase counter'
      ),
      createElement(
        'p',
        `You've clicked the button ${this.counter} times`
      )
```

```
      ]
    );
  }
```

JSX

上例似乎用了許多程式碼來做只有 4 行的樣版。還好，可透過 *babel-plugin-transform-uve-jsx* 的輔助，使用 JSX 搭配 Babel 外掛（plug-in）編寫渲染函式，將 JSX 編譯成 Vue 使用的 ceateElement 呼叫。請注意在內部（與整個 JSX 體系中），createElement 函式通常會以較短的別名，h，來表示，但就一般情況而言，你並不需要知道這些。

在此我不贅述 *babel-plugin-transform-vue-jsx* 的安裝方法；請查閱該外掛的說明文件，瞭解其安裝的方式。

安裝 Babel 外掛後，上述程式碼可改寫成：

```
render() {
  return (
    <div>
      <button onClick={this.clickHandler}>Click to increase counter</button>
      <p>You've clicked the button {counter} times</p>
    </div>
  );
}
```

這樣好多了。其他還有一些好用的 JSX 功能可以在 Vue 中搭配使用。

除了能以像樣版那樣匯入與使用組件之外──透過將組件名稱指定成標籤名──也可以透過像 React 的方式匯入組件使用。若匯入組件的變數名稱以大寫開頭，則無須將之置入組件或透過 vue.component() 就可以使用。如：

```
import MyComponent from './components/MyComponent.vue';

new Vue({
  el: '#app',
  render() {
    return (
      <MyComponent />
    );
  }
});
```

我們也可以使用 JSX 展開（JSX spread）。如同搭配 React 那樣，可以在屬性物件上使用展開運算子（spread operator），它就可以與其他指定與套用給元素的屬性合併：

```
render() {
  const props = {
    class: 'world',
    href: 'https://www.oreilly.com/'
  };

  return (
    <a class="hello" {...props}>O'Reilly Media</a>
  );
}
```

這樣會產生一個帶有等於 hello world 之類別屬性並連結到 *oreilly.com* （*https://www.oreilly.com*）的連結。

本章總結

本章說明了如何運用渲染函式製作 HTML 的方法，與用樣版字串來建構的方法不同。這種方法透過接受三個參數的 createElement 函式來達成目標，這三個參數是：標籤名稱、data 物件與元素的子代。你也可以用 JSX 來代替 createElement 的叫用，其所運用的則是 *babel-plugin-transform-vue-jsx*。

第五章

以 vue-router 處理客戶端路由

透過前面章節所介紹的 Vue.js 核心程式庫,我們已能顯示並操作網頁上的資料。不過,功能完整之網站所需的並不只這些。你可能已經注意到在瀏覽某些網站時,並不需要從伺服器下載新網頁,或者,若曾使用過其他框架,則你已與客戶端路由(client-side routing)這項功能打過交道。

vue-router 是供 Vue 運用的程式庫,透過它,我們可以在瀏覽器上處理應用程式的路由,而不需像傳統網站那樣在伺服器上處理路由。處理路由(routing)是接收路徑(path,如 */users/12345/posts*)並決定網頁上要顯示什麼的過程。

安裝

跟 Vue 本身一樣,安裝 vue-router 有幾種方法。可加入下列的腳本標籤,以 CDN 來安裝:

```
<script src="https://unpkg.com/vue-router"></script>
```

或者,若你用的是 npm,則可以 `npm install –save vue-router` 指令透過 npm 來安裝,然後,若有使用像 webpack 這類的打包器(bundler),則還需要叫用 `Vue.use(VueRouter)` 來安裝 vue-router:

```
import Vue from 'vue';
import VueRouter from 'vue-router';

Vue.use(VueRouter);
```

這個步驟會把接下來的章節需要 bundler 用到的組件,安裝到應用程式裡頭。

基本用法

你必須要傳給路由器一個內含路徑的陣列與對應的組件，才能將它設定好：即路徑吻合了，該對應的組件就會顯示出來。

底下的碼可以產出一個內含二條路徑的簡單路由器：

```
import PageHome from './components/pages/Home';
import PageAbout from './components/pages/About';

const router = new VueRouter({
  routes: [
    {
      path: '/',
      component: PageHome
    },
    {
      path: '/about',
      component: PageAbout
    }
  ]
});
```

使用這個路由器之前，我們還要做二件事。首先，我們要在應用程式初始化時將它傳給 Vue。接著，要讓它顯示對應網頁，需加入一個特別的 `<router-view />` 組件。

你可以在進行 Vue 初始化時，直接透過 router 屬性將路由器傳給 Vue：

```
import router from './router';

new Vue({
  el: '#app',
  router: router
});
```

接著，在樣版中，將 `<router-view />` 組件放到要顯示路由器傳回之組件的地方。

範例 5-1 是一套完整的基本設定，能依照要求的路徑顯示不同的內容。

範例 5-1　使用 *vue-router* 之路由器的範例碼

```
<div id="app">
  <h1>Site title</h1>

  <main>
```

```
    <router-view />
  </main>

  <p>Page footer</p>
</div>
<script>
  const PageHome = {
    template: '<p>This is the home page</p>'
  };
  const PageAbout = {
    template: '<p>This is the about page</p>'
  };

  const router = new VueRouter({
    routes: [
      { path: '/', component: PageHome },
      { path: '/about', component: PageAbout }
    ]
  });

  new Vue({
    el: '#app',
    router,
  });
</script>
```

設定好路由與加入樣式後，存取根路徑時就可以看到以下的內容：

Page title

This is the home page

Page footer

而存取 */about* 時則會看到：

Page title

This is the about page

Page footer

HTML 歷史模式

在預設的情況下，vue-router 使用 URL 雜湊來儲存路徑。要在 < 你 的 網 站 >*.com* 中存取 */about*，你要輸入 http://< 你 的 網 站 >.com/#/about。不過，幾乎所有現行的瀏覽器都支援 HTML5 history API。有了它，開發者無須跳到新網頁上就可以更新 URL。

將路由器的 mode 設定成 history，vue-router 就可以使用 HTML5 history API：

```
const router = new VueRouter({
  mode: 'history',
  routes: [
    { path: '/', component: PageHome },
    { path: '/about', component: PageAbout }
  ]
});
```

現在，若你連到 http://< 你 的 網 站 >.com/about，就會看到⋯404 網頁。除了讓客戶端的碼去抓完整路徑而不是雜湊之外，你還需要告訴伺服器在回應每一次它無法識別的要求時，要回傳哪一個 HTML 網頁（但不是在要求 CSS 檔時）[1]。

要用什麼方法來做這件工作，視伺服器的強化機制而定，但通常很簡單——Vue-router 的文件中有一段內容說明了在各種常見伺服器上的作法。

1　許多靜態網站主機上有 SPA 模式，將它啟動就行了。設定伺服器組態前，先檢查這個設定。

動態路由

就簡單的網站而言，上例已夠用，但若我們做的是要支援路徑中包含用戶 ID 這種較複雜的網站呢？ vue-router 支援動態路徑比對，也就是說你可以透過特殊語法指定路徑，所有具符合該路由（route）之路徑（path）的組件都可被存取。比方說，若要在路徑為 */user/1234* 顯示出某組件，其中的 *1234* 可以是其他的值，我們可以指定下列的路由：

```
const router = new VueRouter({
  routes: [
    {
      path: '/user/:userId',
      component: PageUser
    }
  ]
});
```

任何吻合 */user/:userId* 的路徑都會讓 PageUser 組件在頁面中顯示出來。

 Vue-router 運用 path-to-regexp 程式庫來處理這類的工作 ──Express、Koa(包括官方與非官方的路由器) 與 react-router 用的也是這個程式庫。若你曾用過上述的這些路由器，應該已熟悉這種語法。

在組件中，你可以透過 `this.$route` 屬性來存取目前的路由。這個物件中有許多有用的屬性，如目前存取中的完整路徑、URL 的查詢參數（query parameters，如 ?lang=en），以及在這個範例中使用最多的，內含要進行動態比對之所有 URL 段落（parts）的 params 物件。以本例而言，若你要存取的是 */user/1234*，則 params 物件會等於：

```
{
  "userId": "1234"
}
```

接著就可以使用這些資料做你要做的事。在本例中，也許你要用它傳 API 的要求出去，將用戶與資料抓回來，然後將這些資料顯示在網頁上。

 你可能會認為 userId 就是數字，其實 vue-router 是從路徑 (為字串) 上將它截取出來的，也無法確認它是不是數字，userId 實際上是字串。若要將它當成數字來用，則需使用 parseInt、parseFloat 或 Number 進行轉換。

要注意的是，URL 動態變動的部分並不一定要寫在 URL 的最後面：*/user/1234/posts* 是有效的寫法。此外，動態變動的部分也可以有很多個：以 */user/1234/posts/2* 比對 */user/:userId/posts/:pageNumber* 會得到底下的 params 物件：

```
{
  "userId": "1234",
  "pageNumber": "2"
}
```

因應路由變動

在 */user/1234* 與 */user/5678* 間瀏覽時，會重複使用相同的組件，所以不會叫用到第 1 章中所介紹的生命週期掛接，如 mounted。你可以使用 beforeRouteUpdate 防護（guard），在 URL 動態變動部分有改變時執行某些程式碼。

我們來做一個 PageUser 組件，讓它可以在被掛載（mounted）或路由改變時叫用 API：

```
<template>
  <div v-if="state === 'loading'">
    Loading user??  </div>
  <div>
    <h1>User: {{ userInfo.name }}</h1>
    ... etc ...
  </div>
</template>

<script>
  export default {
    data: () => ({
      state: 'loading',
      userInfo: undefined
    }),
    mounted() {
      this.init();
    },
    beforeRouteUpdate(to, from, next) {
      this.state = 'loading';
      this.init();
      next();
    },
    methods: {
      init() {
        fetch(`/api/user/${this.$route.params.userId}`)
          .then((res) => res.json())
```

```
        .then((data) => {
          this.userInfo = data;
        });
      }
    }
  };
  </script>
```

上列程式會從 API 載入第一位用戶的資料,將之顯示,若路由改變(如使用者點按連結要跳到另一位用戶資料上時),它會再叫用 API,取得第二位用戶的資料。

要注意的是,我們將常寫在 mounted 中的邏輯寫到一個方法裡頭,如此就可在 mounted 掛接與 beforeRouteUpdate 防護器中叫用。這樣做可避免編寫重複的程式碼——我們大概都會在這二個地方做同樣的事。

本章稍後會介紹防護器,也會說明為何在這個函式最後必須叫用 next() 的原因。

> beforeRouteUpdate 在 Vue 2.2 加入,之前的版本無法使用。在 2.2 版之前,你要監看 $router 物件是否有改變的話,則必須寫成:
>
> ```
> const PageUser = {
>   template: '<div>...user page...</div>',
>   watch: {
>     '$route'() {
>       console.log('Route updated');
>     }
>   }
> };
> ```

將 Params 當作 Props 傳給組件

還有另一種方法可在組件中使用 this.$router.params,你可以讓 vue-router 將 params 當作 props 傳給路由組件。以底下的組件為例:

```
const PageUser = {
  template: '<p>User ID: {{ $route.params.userId }}</p>'
};

const router = new VueRouter({
  routes: [
    {
```

```
      path: '/user/:userId',
      component: PageUser
    }
  ]
});
```

瀏覽 */user/1234* 會讓 "UserID:1234" 輸出到網頁上。

要讓 vue-router 傳入用戶 ID 作為 prop，你可以在路由器上設定 props: true：

```
const PageUser = {
  props: ['userId'],
  template: '<p>User ID: {{ userId }}</p>'
};

const router = new VueRouter({
  routes: [
    {
      path: '/user/:userId',
      component: PageUser,
      props: true
    }
  ]
});
```

使用 props 代替參考 $route.params 的優點是組件不會跟 vue-router 緊密地偶合在一起。若之後要在一個頁面中呈現好幾筆用戶資料；以第一個範例的方式做的話，會比較麻煩，以第二個範例的方式來做，會簡單許多，因為你只要在其他頁面中像使用一般組件那樣叫用它即可。

巢串路由

在建構較複雜的應用程式時，你會發現網站中會有某些部分是其中每一網頁都必須呈現相同的樣式與內容。比方說，你想在現有管理（admin）頁面下，在網站標頭（header）再加入其他標頭，用來導覽管理機制。或者你需要在產品頁面下，再加上能調整 URL 的頁籤組件（tab component）。就某些應用需求而言，如管理機制標頭的例子，只要在組件中儲存標題然後將之加進每一張網頁裡頭即可。就其他的應用而言，若頁面中只有小部分內容會變動的產品頁面，並不需要用個別的頁籤去呈現頁面的其他部分時──用巢串路由會比較好。

巢串路由（*nested route*）能讓你指定一個路由的子代，並提供 `<router-view />` 組件來顯示該子代。比方說，要製作一個帶有可在各設定頁中導覽之側欄的網站設定功能，讓 */settings/profile* 導到一張供用戶更改個人檔案的頁面，而 */settings/email* 則讓用戶修改其電子信箱的偏好設定。

在 */settings/profile* 上之個人檔案頁面的外觀如下：

Site header

Profile   This is the content for the profile settings page.

Email

而在 */settings/email* 上之電子信箱偏好設定頁面的外觀如下：

Site header

Profile   This is the content for the email settings page.

Email

如你所看到的，二張網頁共用標頭與側欄。標頭以一般的方式來處理即可（它會在根 `<router-view />` 的外面），但我們不要在所有頁面中都顯示這個側欄，僅在設定頁面中顯示就好。

要做到這樣，要先產生一個 */settings* 路由，然後在這個路由下產生二個子路由，即
profile 與 email。路由器的程式碼如下：

```
import PageSettings from './components/pages/Settings';
import PageSettingsProfile from './components/pages/SettingsProfile';
import PageSettingsEmail from './components/pages/SettingsEmail';

const router = new VueRouter({
  routes: [
    {
      path: '/settings',
      component: PageSettings,
      children: [
        {
          path: 'profile',
          component: PageSettingsProfile,
        },
        {
          path: 'email',
          component: PageSettingsEmail,
        }
      ]
    }
  ]
});
```

接著在 PageSettings 組件中，我們就可以使用另一個 `<router-view />` 組件：

```
<div>
  <the-sidebar />
  <router-view />
</div>
```

現在取存 */settings/profile* 就會產生下列的 HTML：

```
<div id="app">
  <h1>Site title</h1>

  <main>
    <div>
      <div class="sidebar">
        ...sidebar HTML...
      </div>
    </div>

    <div class="page-profile">
      ...profile settings page HTML...
```

```
      </div>
    </main>

    <p>Page footer</p>
  </div>
```

你可以看到，該網頁的標頭（header）與頁腳（footer）寫在本段第一部分範例中之 `<router-view />` 的外面，側欄則寫在設定頁中，但在第二個 `<router-view />` 組件與個人檔案設定頁內容之外。

轉向與替身

有時你需要從一個頁面轉向（redirect）到另外一個頁面；如要將 /settings 改為 /preferences 時。此時，你並不希望連到 /settings 的使用者看到錯誤訊息頁面，也不希望搜尋引擎連到已不存在的網頁。

在這種情況下，你可以用帶有 direct 屬性的路由來取代組件：

```
const router = new VueRouter({
  routes: [
    {
      path: '/settings',
      redirect: '/preferences'
    }
  ]
});
```

現在，任何存取到 /settings 的連結都會被轉向到 /preferences 上。

轉向還有另一種寫法，即透過組件的替身（alias）來做。如要讓設定頁面可以由 /settings 與 /preferences 來存取的話，你可以將 /settings 設定成 /preferences 的替身（alias）：

```
import PageSettings from './components/pages/Settings';

const router = new VueRouter({
  routes: [
    {
      path: '/settings',
      alias: '/preferences',
      component: PageSettings
    }
  ]
});
```

我發現要讓 /user 與 /user/:userId 都指到同一個組件時，這樣子寫很好用。

導覽

到這裡我們已經有一些路由可以用了。雖然相同的內容還是由伺服器所提供的，但瀏覽到 /user/1234，你還是可以看到與連到 /preferences 不同的內容。不過我們要如何讓使用者可以在路由間瀏覽呢？顯然，用 `<a>` 標籤來做並不是最好的方式。技術上透過錨點（anchors）雖仍可連接到不同頁面上，但若用的是 HTML5 的歷史（history）模式，如傳統網站那樣，網頁會在每一次連結被點按時重載（reload）。我們再做一些改良！因為所有工作都在客戶端這邊處理，在網頁間瀏覽時，並不需要重載網頁。路由器也會自動幫你更新 URL。

我們用 `<router-link><` 來代替 `<a>` 元素。它的用法跟傳統的錨點標籤類似：

```
<router-link to="/user/1234">Go to user #1234</router-link>
```

點按連結後，瀏覽器無須載入新網頁，會立刻顯示 /user/1234 的頁面內容。網站的效能明顯提升許多。在起始頁載入後，在頁面間瀏覽就會非常快，因為 HTML、JavaScript 與 CSS 都已經被下載過來了。

除了瀏覽時頁面無須重載之外，vue-router 也會自動為你處理模式：在雜湊（hash）模式下，上述連結會轉到 #/user/1234，若使用歷史模式，則轉到 /user/1234 上。

`<router-link>` 組件中還有一些屬性可供運用，但本書只會擇要介紹，完整的資料，請參閱 API 文件。

輸出標籤

在預設情況下，`<router-link>` 會在頁面中輸出一個 `<a>` 標籤。比方說，上一段的範例會有如下的輸出：

```
<a href="/user/1234">Go to user #1234</a>
```

點按連結時，並不會用到 href，Vue 加入的事件監聽器會排除預設的點按事件，自己接手導覽操作的處理工作。不過在某些情況下它還是派得上用場，如滑過 (hovering) 連結時，可看到這個錨點是連到哪兒，或者，也可以透過它在另一個頁籤中開啟連結網頁 (vue-router 不負責這種操作)。

有時，你可能需要輸出錨點標籤以外的元素，如在導覽列上的列表元素（list element）。此時可以使用 tag 屬性來做：

```
<router-link to="/user/1234" tag="li">Go to user #1234</router-link>
```

底下是網頁中的輸出：

```
<li>Go to user #1234</li>
```

Vue 接著會加入事件監聽器到該元素上，它會偵測元素是否被點按，然後處理導覽工作。

這並不是最好的作法（optimal）──因為我們將錨點標籤與 href 屬性丟了，所以沒辦法運用一些重要的瀏覽器原生行為：如因瀏覽器不知道列表項目是連結，所以它沒辦法在游標移到項目上頭時，顯示該連結的資訊；你也沒辦法在其上按滑鼠右鍵，用新頁籤開啟連結；還有，如螢幕讀取器這類的輔助技術，就沒辦法呈現該元素是連結的事實。

要修正這些問題，可以在 <router-link> 元素上加進一個錨點標籤：

```
<router-link to="/user/1234" tag="li"><a>Go to user #1234</a></router-link>
```

輸出的 HTML 如下：

```
<li><a href="/user/1234">Go to user #1234</a></li>
```

如此就太完美了。不但 Vue-router 會處理路由，一般連結的各項行為也能正常運行。

作用中的類別

當 <router-link> 組件 to 屬性的路徑與目前網頁的路徑吻合時，這個連結就成了作用中（active）的連結。若你現在連上的是 /user/1234，則該連結就是作用中的連結。

連結變成作用中連結時，vue-router 會自動套用一個類別以產生元素。在預設的情況下，這個類別會是 router-link-active，但你可以透過 active-class 屬性設定後來要添加的類別。在要使用其內之作用中連結已被設定成非預設值的 UI 程式庫或現有程式碼時，這種方式就很有用。比方說，若你正套用 Bootstrap 並且做了一個導覽列（Bootstrap 的 navbar），則可用 active 類別來設定目前的作用中連結。

我們用一個簡單的 Bootstrap navbar 搭配 Vue 來作練習。底下是我們想要做出來的：

```
<ul class="nav navbar-nav">
  <li class="active"><a href="/blog">Blog</a></li>
  <li><a href="/user/1234">User #1234</a></li>
</ul>
```

我們要改二個地方。首先，要將 active 類別加到 li 元素上，不是加到 a 元素上，所以，我們要讓 vue-router 輸出一個 li 元素而不是預設的 a 連結。其次，我們要加進來的類別是 active，不是 router-link-active，所以，那裡也要改。

底下是我們的 Vue 化（Vue-ified）後的程式碼：

```
<ul class="nav navbar-nav">
  <router-link to="/blog" tag="li" active-class="active">
    <a>Blog</a>
  </router-link>
  <router-link to="/user/1234" tag="li" active-class="active">
    <a>User #1234</a>
  </router-link>
</ul>
```

輸出的 HTML 與加 Vue 之前所產生的完全一樣；vue-router 甚至還在 <a> 元素中加進 href 屬性。

原生事件

若要在 <router-link> 中加入一個點按事件處理器（click event handler），你就不能只用 @click。底下所列的行不通：

```
<!-- 這樣寫行不通 -->
<router-link to="/blog" @click="handleClick">Blog</router-link>
```

在預設的情況下，在組件上使用 v-on 的話，會監聽由該組件發送的自定事件。你曾在第 2 章看過這些。使用 .native 修飾子（modifier）的話，監聽的是原生事件，而不是自定事件：

```
<router-link to="/blog" @click.native="handleClick">Blog</router-link>
```

現在，連結被點按後，handleClick 方法就會被叫用。

編程式導覽

除了讓使用者能透過連結瀏覽網頁之外，你也可以使用路由器上的一些方法，透過編程的方式進行導覽。這些方法仿效瀏覽器的原生歷史方法 —— history.pushState()、history.replaceState() 與 history.go()——所以，若你熟這些的話，語法就不會有問題。

你可以使用 router.push()（在組件中則用 this.$router.push()）跳到指定路徑上：

```
router.push('/user/1234');
```

這相當於點按帶有 /user/1234 之 to 屬性的 <router-link> 組件 —— 事實上，在你點按一個 <router-link> 組件時，vue-router 內部所使用的就是 router.push()。

另外還有 router.replace()，其行為跟 router.push() 類似：它會帶你到指定的路由上。二者的差別在於 router.push() 會在瀏覽歷史中加入一筆紀錄 —— 因此，若使用者點按 Back 鈕，路由器會回到上一個路由 —— 而 router.replace() 則會取代目前的紀錄，所以 Back 鈕會帶你回到之前的路由上。

通常你大概會用的是 router.push()，不過在特定情況下，則需要 router.replace()。比方說，若你有一個如 /blog/hello-world 這樣的 URL，若使用者改了該貼文的名稱，你可能就要用 router.replace() 跳到 /blog/hello-world，因為不需要在瀏覽歷史中存著二筆相同的 URL。

最後還有 router.go()，它能讓你在歷史紀錄中往前（backward）或往後（forward）瀏覽，如同點按瀏覽器的上一頁（Back）與下一頁（Forward）鈕那樣。要往前回，可以下 router.go(-1)，要往後走 10 筆紀錄，則可下 router.go(10)。若沒有這麼多筆紀錄可跳，該函式並不會進行任何操作。

導覽防護

假設你要限制尚未登入網站的使用者取存應用程式中的某些資料，則可以用，若使用者已登入則回傳 true 的，由 authenticated() 函式來處理，這樣要怎麼做呢？

Vue-router 提供能讓你在瀏覽操作發生前執行程式碼的功能，你可以取消該次的瀏覽操作或者將使用者往其他地方送。

router.beforeEach() 函式可在路由器上加上防護（guard）。它接收三個參數：即 to、from 與 next，to 與 from 傳遞的是要跳過去或從哪裡跳過來的路由，而 next 所傳的則是你讓 vue-router 搭配瀏覽操作所要進行的處理、取消瀏覽、轉向到其他地方或註冊錯誤的回呼。

我們來看一個能防止未授權使用者存取 /account 底下資料的例子：

```
router.beforeEach((to, from, next) => {
  if (to.path.startsWith('/account') && !userAuthenticated()) {
    next('/login');
  } else {
    next();
  }
});
```

若要瀏覽之路由的路徑以 /account 開頭且使用者尚未登入，使用者會被轉向到 /login；否則 next() 會以不帶任何參數的方式被叫用，使用者就可以進到其所要求的帳號頁面。記得叫用 next() 很重要；若沒叫用它，防護就無法解析！

在防護中檢查路徑可能會很煩也會很混亂，特別是網站中有許多路由時更是如此。因此，你可善加利用路由詮釋欄位（route meta fields）。在路由中加上 meta 屬性，然後在防護中取用。比方說，在帳號路由上設定 requiresAuth 屬性並在防護中進行檢查：

```
const router = new VueRouter({
  routes: [
    {
      path: '/account',
      component: PageAccount,
      meta: {
        requiresAuth: true
      }
    }
  ]
});

router.beforeEach((to, from, next) => {
  if (to.meta.requiresAuth && !userAuthenticated()) {
    next('/login');
  } else {
    next();
  }
});
```

現在，使用者存取 /account 時，路由器會檢查其 requiresAuth 屬性，若使用者尚未取得
授權，則將之轉向到登入網頁。

 使用巢串路由時，to.meta 所代表的是子組件，而不是父組件。若在 /
account 上加進 meta 物件，則使用者存取 /account/email 時，受檢查的
meta 物件所代表的是子物件而不是父物件。要解決這個問題，你可以在
to.matched 上進行迭代，其中也會包含父路由：

```
router.beforeEach((to, from, next) => {
  const requiresAuth = to.matched.some((record) => {
    return record.meta.requiresAuth;
  }

  if (requiresAuth && !userAuthenticated()) {
    next('/login');
  } else {
    next();
  }
});
```

現在，存取 /account/email 的話，路由就會是 /account 的子路由，二者的
meta 物件都會被檢查，而不會只有 /account/email 的 meta 物件。

除了可以在瀏覽前執行操作的 beforeEach 之外，也有一個 afterEach 防護能在瀏覽後進
行操作。這個函式只接受二個參數，即 to 與 from，因此無法影響到瀏覽操作本身。它
是進行像設定網頁標題這類工作的好位置：

```
const router = new VueRouter({
  routes: [
    {
      path: '/blog',
      component: PageBlog,
      meta: {
        title: 'Welcome to my blog!'
      }
    }
  ]
});

router.afterEach((to) => {
  document.title = to.meta.title;
});
```

上列程式碼會在每次網頁瀏覽操作後檢查路由的 meta 屬性，然後將網頁標題設定給 meta 物件的 title 屬性。

個別路由防護

除了在路由器上定義 beforeEach 與 afterEach 防護外，你還能在個別的路由上定義 beforeEnter：

```
const router = new VueRouter({
  routes: [
    {
      path: '/account',
      component: PageAccount,
      beforeEnter(to, from, next) {
        if (!userAuthenticated()) {
          next('/login');
        } else {
          next();
        }
      }
    }
  ]
});
```

這些 beforeEnter 防護的行為與 beforeEach 完全相同，只是它只套用在個別的路由上。

組件內防護

最後，你也可以在組件內指定防護。你可以用的防護有三種：beforeRouteEnter（與 beforeEach 相同）；beforeRouteUpdate（先前在本章中看過）；以及 beforeRouteLeave（從路由連出去前叫用）。這三個防護接收的參數與 beforeEach 及 beforeEnter 的相同。

我們以之前認證的例子來說明，在組件中套用同樣的邏輯：

```
const PageAccount = {
  template: '<div>...account page...</div>',
  beforeRouteEnter(to, from, next) {
    if (!userAuthenticated()) {
      next('/login');
    } else {
      next();
    }
  }
};
```

this 不在 beforeRouterEnter 中定義，因為該組件尚未被建好。你可以傳一個回呼給 next，它就可以接到被當作參數傳入的組件：

```
const PageAccount = {
  template: '<div>...account page...</div>',
  beforeRouteEnter(to, from, next) {
    next((vm) => {
      console.log(vm.$route);
    });
  }
};
```

你可以像在組件中的其他地方那樣，在 beforeRouteUpdate 與 beforeRouteLeave 中使用 this，不過它們並不支援傳遞回呼給 next。

路由順序

Vue-router 內部會依序讀取路由陣列中的項目，挑選要顯示的路由，它會選取第一個匹配目前 URL 的路由。這點很重要——這代表路由的順序很重要。請看下列的路由器：

```
const routerA = new VueRouter({
  routes: [
    {
      path: '/user/:userId',
      component: PageUser
    },
    {
      path: '/user/me',
      component: PageMe
    }
  ]
});

const routerB = new VueRouter({
  routes: [
    {
      path: '/user/me',
      component: PageMe
    },
    {
      path: '/user/:userId',
      component: PageUser
    }
  ]
});
```

它們初看很類似：二者都定義了二個路由，一個供用戶取存自己位在 /user/me 的頁面，另一個則透過 /user/:userId 存取其他使用者的頁面。

若使用的是 routerA 則不可能存取到 PageMe。這是因為 vue-router 會先看過該路由器，檢測每一個吻合的路徑：若你存取與 user/:userId 相匹配的 user/me，userId 會被設定成 me，被顯示出來的是 PageUser 組件。若使用的是 routerB，/user/me 會先匹配，該組件會被使用，PageUser 路徑所指的內容會被顯示出來。

404 網頁

我們可以運用 vue-router 照順序搜尋路由的特性，搭配通用運算子（*），在找不到匹配的路由時，顯示錯誤訊息網頁。這很容易做，請看底下的程式碼：

```
const router = new VueRoute({
  routes: [
    // ... 你的其他路由放這裡 ...
    {
      path: '*',
      component: PageNotFound
    }
  ]
});
```

在沒有其他路由匹配時，這個 PageNotFound 組件會顯示出來。

使用巢串（nested）路由時，若沒有子路徑匹配到，則路由器會繼續尋找位於親代之外的路由陣列，因此還是會用到相同的 PageNotFound 組件。若你要在父組件中顯示錯誤頁面，則也要將通用路由加進子路由陣列中：

```
const router = new VueRoute({
  routes: [
    {
      path: '/settings',
      component: PageSettings,
      children: [
        {
          path: 'profile',
          component: PageSettingsProfile
        },
        {
          path: '*',
          component: PageNotFound
        }
```

```
      ]
    }
    {
      path: '*',
      component: PageNotFound
    }
  ]
});
```

現在顯示的都會是相同的 PageNotFound 組件，不過 PageSettings 組件的側欄也會被顯示出來。

路由名稱

本章介紹的最後一個 vue-router 功能是可以為路由命名，透過路由名稱，無須透過路徑，就可以參照到這個路由。只要在路由器的路由中加上 name 屬性即可：

```
const router = new VueRouter({
  routes: [
    {
      path: '/',
      name: 'home',
      component: PageHome
    },
    {
      path: '/user/:userId',
      name: 'user',
      component: PageUser
    }
  ]
});
```

現在不需要連到路徑，你就可以透過名稱來連結：

```
<router-link :to="{ name: 'home' }">Return to home</router-link>
```

底下二行程式碼是等價的：

```
<router-link to="/user/1234">User #1234</router-link>
<router-link :to="{ path: '/user/1234' }">
User #1234
</router-link>
```

第一行只是第二行的簡寫。

你可以在 router.push() 上搭配相同的語法使用。

```
router.push({ name: 'home' });
```

為路由命名並只用其名稱而不是路徑來參照,代表路由與路徑已經不再緊密地耦合:要改變一個路由的路徑,你只需要改變路由器中的路徑即可,不需再一一找出現有的連結並予以更新。

要連接到路由並傳入如前例中的 user 路由參數,你可以在該物件的 params 屬性中指定:

```
<router-link :to="{ name: 'user', params: { userId: 1234 }}">
User #1234
</router-link>
```

本章總結

在本章中,你看到了如何運用 vue-router 建構出單頁應用程式 —— 在客戶端處理路由的多頁應用程式。你也瞭解設定路由器的幾種方法,包括製作動態路徑、運用巢串路由製作子路由、重導(redirects)、替身(aliases)以及 404 頁面的通用路徑(wildcard paths)等。你也看到了如何以 <router-link> 製作連結、以命名路由的方式將路徑從路由中拆開,並且運用瀏覽防護(navigation guards)在瀏覽事件發生時,執行額外的邏輯。

第六章

以 Vuex 進行狀態管理

進行到這裡,我們所有的資料都還是存在組件中。叫用 API 後,將其所回傳的資料儲存在 data 物件中。我們要將表單(form)綁定到一個物件上,再將該物件存放在 data 物件中。所有組件間的通訊都會透過事件(由子代傳到親代)與 props(由親代傳給子代)來完成。在簡單的案例中這樣做還可以應付,但遇上複雜的應用時,這種方式可能就沒辦法負荷了。

我們以一個社群軟體來做例子——精確地說,是以傳訊軟體為例。若你想要在畫面頂端安排一個圖示,顯示傳給用戶的訊息數,也要在頁面底端彈出訊息視窗,顯示訊息數。頁面上的這二個組件離得很遠,要用事件與 props 將它們連接起來會很麻煩:跟通知(notifications)完全無關的組件還是需要注意其所傳遞的事件。與其將它們連起來共用資料,還可採取另一種作法,即在每一個組件中分別叫用 API。但這種作法更糟!每個組件會在不同的時間點更新資料,顯示出的資料可能就會不一致,而且每張頁面會產生許多不必要的 API 叫用。

vuex 是可以協助開發者管理 Vue 應用程式狀態(state)的程式庫。它有一個中央儲存區可供程式碼取用,以儲存或處理全域狀態,而且也可以讓你驗證輸入資料,確保程式能正確運行。

安裝

你可以透過 CDN 來安裝 vuex,加入底下這一行即可:

```
<script src="https://unpkg.com/vuex"></script>
```

此外,你也可以使用 npm,輸入 npm install -save vuex。若你有使用如 webpack 這類
的打包器(bundler),則就跟 vue-router 那樣,必須叫用 Vue.use():

```
import Vue from 'vue';
import Vuex from 'vuex';

Vue.use(Vuex);
```

接著你要設定儲存區(store)。我們來寫一個檔案並將它存成 *store/index.js*:

```
import Vuex from 'vuex';

export default new Vuex.Store({
  state: {}
});
```

現在它還只是一個空的儲存區:我們在本章中都會用到它。

接著,將它匯入到主程式檔中,並在建立 Vue 實例時,將它加成屬性:

```
import Vue from 'vue';
import store from './store';

new Vue({
  el: '#app',
  store,
  components: {
    App
  }
});
```

這樣儲存區就設定好了,你可以用 this.$store 來存取它。我們先來瞭解 vuex 的概念,
然後再來看我們可以用這個 this.$store 做什麼事。

概念

如同本章開頭的介紹所提到的,要開發需要有好幾個組件共用狀態的複雜應用程式時,
必須用到 vuex。

先來看一個不用 vues 但能顯示用戶訊息數的簡單組件:

```
const NotificationCount = {
  template: `<p>Messages: {{ messageCount }}</p>`,
  data: () => ({
```

```
      messageCount: 'loading'
    }),
    mounted() {
      const ws = new WebSocket('/api/messages');

      ws.addEventListener('message', (e) => {
        const data = JSON.parse(e.data);
        this.messageCount = data.messages.length;
      });
    }
  };
```

這支程式很簡單。它開啟連到 */api/messages* 的 websocket，然後伺服器會傳資料給客戶端──這裡指的是，插槽（socket）開啟時（初始訊息數）與計數更新時（有新訊息）──傳過插槽的訊息會被計數並顯示在頁面上。

> 在實務上，這支程式會複雜許多：這個例子還沒有列出在 websocket 上
> 進行認證 (authentication) 的部分，而且也假設 websocket 所傳回的回應
> 都是帶有 message 屬性陣列的合格 JSON。在實際的環境中，情況可能不
> 是這樣的。就這個例子而言，這段簡單的程式碼可以應付需求。

若要在同一張網頁裡使用一次以上的 Notification Count 組件，就會發生問題。因為每一個組件都會開啟一個 websocket，這樣會產生重複且不必要的連結，而且因為網路延遲（network latency）的關係，組件更新的時間點會略有不同。要修正這些問題，我們得將 websocket 的邏輯移到 vuex 裡去。

直接用例子來說明。我們的組件會變成這樣：

```
  const NotificationCount = {
    template: `<p>Messages: {{ messageCount }}</p>`,
    computed: {
      messageCount() {
        return this.$store.state.messages.length;
      }
    }
    mounted() {
      this.$store.dispatch('getMessages');
    }
  };
```

底下所寫的就會變成我們的 vuex 儲存區：

```
let ws;

export default new Vuex.Store({
  state: {
    messages: [],
  },
  mutations: {
    setMessages(state, messages) {
      state.messages = messages;
    }
  },
  actions: {
    getMessages({ commit }) {
      if (ws) {
        return;
      }

      ws = new WebSocket('/api/messages');

      ws.addEventListener('message', (e) => {
        const data = JSON.parse(e.data);
        commit('setMessages', data.messages);
      });
    }
  }
});
```

現在，每一個已掛載的通知計數組件都會觸發 getMessages，不過其動作（action）會檢查是否有 websocket 存在，而且若目前沒有開啟的連結，它會開啟連結。接著它會監聽插槽，並提交狀態的變更，因為儲存區的關係，它在通知計數組件中更新——就跟 Vue 中大部分的其他元件那樣。在插槽傳回新資料時，全域儲存區會更新，而且頁面上的每一個組件也會在同一時間更新。

本章接下來的部分，我會介紹你在上例中看到的幾個獨立的概念——狀態、變異（mutations）與動作（actions）——並說明如何在大型應用程式中架構 vuex 模組的方法，以避免檔案過大與混雜。

狀態與狀態輔助器

我們先看來狀態。狀態（*state*）代表資料存放在 vuex 儲存區的情況。它像一個我們可在應用程式中隨處存取的大物件——它就是**單一實況源**（*single source of truth*）。

我們來看一個只內含一個數字的簡單儲存區範例：

```
import Vuex from 'vuex';

export default new Vuex.Store({
  state: {
    messageCount: 10
  }
});
```

現在，在應用程式中，我們可以透過 this.$store.state.messageCount 來存取狀態物件的 messageCount 屬性。這樣寫有點冗長，通常會將它放在計算屬性中，就像：

```
const NotificationCount = {
  template: `<p>Messages: {{ messageCount }}</p>`,
  computed: {
    messageCount() {
      return this.$store.state.messageCount;
    }
  }
};
```

現在這個組件會顯示 "Messages: 10"。

狀態輔助器

若只需參照到儲存區中的一些屬性，則透過計算屬性來存取儲存區還算方便，但若需要用到許多屬性，則就會有太多的重複。因此，vuex 提供了 mapState 輔助器，回傳可當作計算屬性來使用的函式物件。

通常，你只需要提供一個字串陣列即可：

```
import { mapState } from 'vuex';

const NotificationCount = {
  template: `<p>Messages: {{ messageCount }}</p>`,
  computed: mapState(['messageCount'])
};
```

這與之前的範例程式碼所做的事是一樣的，但程式碼更簡短。若需使用 vuex 儲存區中的許多屬性，可以用這種方式很方便地將名稱加進 mapState 的叫用中。

之前對 mapState 的叫用其實是底下程式碼的簡寫：

```
computed: mapState({
  messageCount: (state) => state.messageCount
})
```

mapState 函式接受一個物件，其中的計算屬性以鍵為對應。若傳給它的是一個函式，則叫用該函式時的第一個參數是 state，如此你就能藉以收到所需的資料。若你只是要從狀態中取得屬性，也可以傳字串給它來取得：

```
computed: mapState({
  messageCount: 'messageCount'
})
```

你已看到三種從儲存區取值並將之當作計算屬性的方法；也許你會想知道這些方法有什麼不同。

若每一個映對（mappings）中的項目都只是單純地將計算屬性名稱對應到 vuex 中的屬性名稱——如 messageCount 對到 state.messageCoung——則可使用第一個範例中的陣列語法。

但若每一個屬性會對應到不同的名稱或者需要再進行處理，則你需要用全物件語法（full object syntax）來做。還有，我建議，盡可能使用字串語法（string syntax）——它較容易讀——但若需進行一些處理的話，則使用函式語法（function syntax）。舉例來說，若狀態中有個 message 屬性，狀態中所存放的是一個訊息陣列，我們用底下的程式碼來取得 messageCount，即陣列長度值：

```
computed: mapState({
  messageCount: (state) => state.messages.length,
  somethingElse: 'somethingElse'
})
```

當然，你可以依照自己的編程風格來選用。

若使用全函式語法，而不是 ES6 的胖箭頭函式（fat-arrow functions），你也可以用 this 來存取這個組件，以結合組件狀態與 vuex 狀態：

```
computed: mapState({
  messageCount(state) {
    return state.messages.length + this.pendingMessages.length;
  }
})
```

 在前例中，我們混用了 vuex 狀態與區域狀態 (local state)。常看到有人將所有的應用程式狀態都搬進 vuex 中，這是錯誤的作法，你也不會想要這樣做的。還是可以用區域狀態，而且最好是二者搭配使用：應用程式狀態可以在傳進 vuex 的幾個組件中使用，而且只會在一個組件中用到的簡單狀態，則將之以區域狀態的方式來處理。

最後，我們來看看搭配 mapState 與現有計算屬性的方法。因為它會傳回物件，若已有計算屬性，則需要能將二者融合在一起的方法。還好，有 ECMAScript 第 3 階（stage 3）提議（可能整合進 JavaScript 的候選案），在這裡它可以使得上力：可利用新加入的物件展開運算子（object spread operator）。它跟 ECMAScript2015 中的陣列展開運算子很像，只是它用在物件上：

```
computed: {
  doubleFoo() {
    return this.foo * 2;
  },
  ...mapState({
      messageCount: (state) => state.messages.length,
      somethingElse: 'somethingElse'
    })
}
```

這個範例所產生的物件如下：

```
computed: {
  doubleFoo() {
    return this.foo * 2;
  },
  messageCount() {
    return this.$store.state.messages.length,
  },
  somethingElse() {
    return this.$store.state.somethingElse;
  }
}
```

若你用的是物件展開運算子，則需要使用如 Babel 這類的轉譯工具確保能有最多的瀏覽器支援。

取用器

有時你會需要在好幾個組件中使用相同的資料，並在其上進行相同的處理程序，如此，重複的程式碼就會很多。比方說，我們可能會一直重複地在計算未讀訊息的用戶姓名：

```
computed: mapState({
  unreadFrom: (state) => state
    .filter((message) => !message.read)
    .map((message) => message.user.name)
})
```

若這個計算屬性只會用到一次，那這樣寫還好，但若我們要在好幾個組件中使用時，就會產生許多不必要的重複。若 API 的結構（schema）有變（如 message.user.name 要改成 message.sender.full_name），寫在許多地方的程式碼都需要改。

還好，vuex 提供取用器（getters），讓我們可以把常會重複用到的程式碼移進 vuex 儲存區中，避免這些重複的碼放得到處都是。

我們來看看如何將前例中的程式碼搬進 vuex 儲存區中：

```
import Vuex from 'vuex';

export default new Vuex.Store({
  state: {
    messages: [...]
  },
  getters: {
    unreadFrom: (state) => state.messages
      .filter((message) => !message.read)
      .map((message) => message.user.name)
  }
});
```

現在，我們已可透過 store.getters.unreadFrom 來存取 unreadFrom 取用器了：

```
computed: {
  unreadFrom() {
    return this.$store.getters.unreadFrom;
  }
}
```

這樣俐落多了。取用器也可以透過設定第二個參數的方式,存取其他的取用器。比方說,我們來將上例中的取用器拆成二個小一點的取用器:

```
import Vuex from 'vuex';

export default new Vuex.Store({
  state: {
    messages: [...]
  },
  getters: {
    unread: (state) => state.filter((message) => !message.read),
    unreadFrom: (state, getters) => getters.unread
      .map((message) => message.user.name)
  }
});
```

取用器輔助器

跟狀態一樣,取用器也有輔助器可用,不需要每次都寫成 this.$store.getters。它的運作方式跟 mapState 類似,不過不支援函式語法(function syntax)。

這是陣列語法

```
computed: mapGetters(['unread', 'unreadFrom'])
```

等同於底下的寫法:

```
computed: {
  unread() {
    return this.$store.getters.unread;
  },
  unreadFrom() {
    return this.$store.getters.unreadFrom;
  },
}
```

這是物件語法:

```
computed: mapGetters({
  unreadMessages: 'unread',
  unreadMessagesFrom: 'unreadFrom'
})
```

等同於底下的寫法：

```
computed: {
  unreadMessages() {
    return this.$store.getters.unread;
  },
  unreadMessagesFrom() {
    return this.$store.getters.unreadFrom;
  },
}
```

變異

到這裡你只知道如何從儲存區中將資料抓出來，還不知道資料要如何修改。你沒辦法直接修改狀態物件中的值；你必須透過變異（mutation）來修改資料。

變異是一種能同步修改狀態的函式，可以透過 store.commit() 與變異的名稱來叫用。

底下我們來做一個能在訊息陣列尾端加入一則訊息的變異：

```
import Vuex from 'vuex';

export default new Vuex.Store({
  state: {
    messages: []
  },
  mutations: {
    addMessage(state, newMessage) {
      state.messages.push(newMessage);
    }
  }
});
```

接著要加入訊息，可以在組件中呼叫 store.commit()：

```
const SendMessage = {
  template: '<form @submit="handleSubmit">...</form>',
  data: () => ({
    formData: { ... }
  }),
  methods: {
    handleSubmit() {
```

```
      this.$store.commit('addMessage', this.formData);
    }
  }
};
```

commit 方法的第一個參數是變異名稱，第二個選用的參數是所謂的酬載（*payload*）。

這個方法也支援物件語法：

```
this.$store.commit({
  type: 'addMessage',
  newMessage: this.formData
});
```

整個物件會變成酬載，所以變異就需要改成只將 payload.newMessage 推（push）進去而不是將整個酬載都推進去。

變異輔助器

跟狀態與取用器一樣，變異也有 mapMutations 方法。它的語法與 mapGetters 輔助器的完全一樣。

這是陣列語法

```
methods: mapMutations(['addMessage'])
```

等同於底下的寫法：

```
methods: {
  addMessage(payload) {
    return this.$store.commit('addMessage', payload);
  },
}
```

如你所見，它也支援酬載（一樣是選用的）。

還有，若你要讓方法的名稱與變異的名稱不一樣，也有物件語法可用：

```
methods: mapMutations({
  addNewMessage: 'addMessage'
})
```

等同於底下的寫法：

```
methods: {
  addNewMessage(payload) {
    return this.$store.commit('addMessage', payload);
  },
}
```

變異必須為同步

如我說過的，變異只能以同步（*synchronous*）方式來更改狀態物件。若你要以非同步（asynchronous）的方式來進行變更，則必須使用**動作**（*action*）

動作

還好我們有動作（actions）可用。透過變異，你只能用同步的方式來進行狀態的變更，但透過動作，你可以用非同步的方式來進行變更。

我們用一個動作來製作之前看過的狀態與變異。這個動作會用 fetch API 呼叫伺服器，檢查是否有新訊息，若有，則將新訊息推進 messages 陣列的尾端：

```
import Vuex from 'vuex';

export default new Vuex.Store({
  state: {
    messages: []
  },
  mutations: {
    addMessage(state, newMessage) {
      state.messages.push(newMessage);
    },
    addMessages(state, newMessages) {
      state.messages.push(...newMessages);
    }
  },
  actions: {
    getMessages(context) {
      fetch('/api/new-messages')
        .then((res) => res.json())
        .then((data) => {
          if (data.messages.length) {
            context.commit('addMessages', data.messages);
          }
```

```
    });
  }
}
});
```

這段程式碼中有二件新的東西：第一個是 addMessages 變異，與 addMessage 類似，但它能一次加許多筆訊息進來。另一個是 getMessages 動作，它會檢查伺服器上是否有新訊息，若有，則帶入這些新訊息叫用 addMessages 變異。

之後，要在組件中叫用 getMessages 時，我們要使用 store.dispatch() 方法。在 NotificationCount 組件中加進一些連結來更新訊息數：

```
import { mapState } from 'vuex';

const NotificationCount = {
  template: `<p>
    Messages: {{ messages.length }}
    <a @click.prevent="handleUpdate">(update)</a>
  </p>`,
  computed: mapState(['messages']),
  methods: {
    handleUpdate() {
      this.$store.dispatch('getMessages');
    }
  }
};
```

現在依照下列流程操作並點按所產生的連結：

1. 連結被點按時，handleUpdate 會被觸發。

2. getMessages 動作會被派發（dispatched）。

3. 要求被送往 /api/new-messages。

4. 接到要求的回應時，若有新訊息，則 addMessages 變異會被叫用，新訊息會被當成酬載帶入。

5. addMessages 變異會將新訊息推進狀態中的 messages 屬性。

6. 因為狀態是響應式的，messages 計算屬性會被更新，而且顯示在頁面上的文字也會跟著改變。

dispatch 與 commit 的語法相同：動作名稱作為第一個參數，而酬載作為第二個參數，或者只接一個內有 type 屬性的物件，這個物件也可作為酬載。

動作輔助器

除了本章至目前為止所介紹的之外，動作還有一個 mapActions 輔助器，可供將方法對應到動作上：

```
methods: {
  // 將 this.getMessage() 對應到 this.$store.dispatch('getMessage')
  ...mapActions(['getMessage'])

  // 將 this.update() 對應到 this.$store.dispatch('getMessages')
  ...mapActions({
    update: 'getMessages'
  })
}
```

解構

在動作中的參數上使用解構而不參考 context 是相當標準的作法，像這樣：

```
actions: {
  getMessages({ commit }) {
    // 進行一些操作，然後…
      commit('addMessages', data.messages);
  }
}
```

context 等於 vuex 儲存區 —— 或者，如你會在下一段看到的 —— 目前的 vuex 模組（module）。你可以透過它存取狀態（即 state 屬性），但不能調整其值 —— 要調整值的話要透過變異（mutations）來做。

承諾與動作

動作是非同步的，所以我們要怎麼知道它的操作已經完成？我們當然可以監看計算屬性的變動情況，但這樣做並不理想。

其實我們可以在動作中回傳承諾（promise）。叫用 dispatch 會傳回承諾，在動作的操作完成後，我們就可以用它來執行程式碼。

我們來改寫之前的 getMessages 動作，讓它可以回傳承諾：

```
actions: {
  getMessages({ commit }) {
    return fetch('/api/new-messages')
      .then((res) => res.json())
      .then((data) => {
        if (data.messages.length) {
          commit('addMessages', data.messages);
        }
      });
  }
}
```

改的不多——在叫用 fetch 前加了 return 關鍵字。接著我們來改 NotificationCount 組件，在訊息數被更新前，顯示一個下載標示。先在組件的區域狀態中加進一個 updating 屬性，其值可為 true 或 false：

```
import { mapState } from 'vuex';

const NotificationCount = {
  template: `<p>
              Messages: {{ messages.length }}
              <span v-if="loading">(updating??)</span>
              <a v-else @click.prevent="handleUpdate">(update)</a>
            </p>`,
  data: () => ({
    updating: false,
  }),
  computed: mapState(['messages']),
  methods: {
    handleUpdate() {
      this.updating = true;
      this.$store.dispatch('getMessages')
        .then(() => {
          this.updating = false;
        });
    }
  }
};
```

現在，組件在更新時，畫面上顯示的是 (updating…) 訊息而不是要更新訊息數的連結。

模組

到這裡，你已經瞭解如何儲存並操作 vuex 儲存區中的資料了，我們接著來看看如何架構儲存區。

在小型的應用程式中，你到目前所看過的方法——將狀態、取用器、變異與動作都放在同一個檔案中——可以運作得很好。不過在較大型的應用程式中，這樣就會有點混亂，因此 vuex 允許你將儲存區拆分到模組（modules）裡去。

每個模組其實就是物件，它有自己的狀態、取用器、變異與動作，而且可以透過 modules 屬性將之加進儲存區中。我們來調整之前的儲存區，並將訊息部分的邏輯（全部）拆分到一個模組裡去：

```
import Vuex from 'vuex';

const messages = {
  state: {
    messages: []
  },
  mutations: {
    addMessage(state, newMessage) {
      state.messages.push(newMessage);
    },
    addMessages(state, newMessages) {
      state.messages.push(...newMessages);
    }
  },
  actions: {
    return getMessages({ commit }) {
      fetch('/api/new-messages')
        .then((res) => res.json())
        .then((data) => {
          if (data.messages.length) {
            commit('addMessages', data.messages);
          }
        });
    }
  }
};

export default new Vuex.Store({
```

```
  modules: {
    messages,
  }
});
```

調整後，其運作的方式已有些微的不同。

第一個改變是，變異中的 state 與取用器現在所參照的是模組狀態而不是根狀態（root state，即主儲存區的狀態），且動作中的 context 參照到模組而不是儲存區。所有在模組中做的事，只會影響到該模組，不會影響到其他模組。在取用器中，你可以透過第三個 rootScope 屬性，存取根作用域（root scope）。在動作中，你可以使用 scope 物件的 rootScope 屬性，存取根作用域。

第二個改變是現在從儲存區取回資料時，需要指定模組。你需要存取 state.messages. messages（而不是 state.messages），其中第一個 messages 是命名空間（namespace）的名稱，第二個則是狀態屬性的名稱。

我們並不需要擔心這裡的第一個改變——所有的工作都正常運作著——不過，第二個改變的部分就需要我們調整一下 NotificationCount 組件中 mapState 叫用的部分。可以只加進模組名稱作為第一個參數：

```
computed: mapState('messages', ['messages'])
```

也就是說，若你從幾個模組中取用狀態資料，則需叫用 mapState 好幾次，但若使用物件展開運算子來做，就不會這麼麻煩了。

檔案結構

通常我喜歡將一個模組寫在一個檔案裡頭。如此，程式碼會比較俐落與整齊，這也表示 ES6 的匯出語法（export syntax）能讓模組本身更加乾淨。我們現在要將訊息部分的程式碼移到一個檔案去，並將它存成 store/modules/messages.js。

```
export const state = {
  messages: []
};

export const mutations = {
  addMessage(state, newMessage) {
    state.messages.push(newMessage);
```

```
    },
    addMessages(state, newMessages) {
      state.messages.push(...newMessages);
    }
  };

  export const actions = {
    return getMessages({ commit }) {
      fetch('/api/new-messages')
        .then((res) => res.json())
        .then((data) => {
          if (data.messages.length) {
            commit('addMessages', data.messages);
          }
        });
    }
  };
```

接著就可以透過下列的寫法，在 *store/index.js* 中將之匯入：

```
  import Vuex from 'vuex';
  import * as messages from './modules/messages';

  export default new Vuex.Store({
    modules: {
      messages,
    }
  });
```

你當然可以將模組做成一個物件並有一個預設的匯出（這也是官方文件所建議的做法）；我也覺得用這種方式會好一點。

命名空間模組

在預設的情況下，只有 vuex 模組的狀態有命名空間的劃分（namespaced）。取用器、變異與動作還是用完全相同的方式來叫用，而且若存在於許多模組中的動作被派發出來，它會在內含於其中的模組上執行。有時候，這種方式很有用，不過，也會有產生意外的風險，此時可為整個模組設定命名空間，以避免產生預期外的結果。

要讓 vuex 為模組設定命名空間，可以在物件中加上 namespaced: true 屬性——或者，如前例，模組自成一獨立檔案時，可以加上底下這一行：

```
  export const namespaced = true;
```

現在要存取取用器，只要在其名稱前加上命名空間名稱即可：

```
computed: {
  unreadFrom() {
    return this.$store.getters['messages/unreadFrom'];
  }
}
```

若要觸發變異並派發動作，也是進行同樣的操作——在其名稱前加上命名空間名稱：

```
store.commit('messages/addMessage', newMessage);

store.dispatch('messages/getMessages');
```

如同 mapState，其他三類的輔助器——mapGetters、mapMutations 與 mapActions——可接受模組的名稱作為第一個參數。

我們來看看在 NotificationCount 組件上為模組加命名空間會產生什麼效果：

```
import { mapState } from 'vuex';

const NotificationCount = {
  template: `<p>
              Messages: {{ messages.length }}
              <span v-if="loading">(updating??)</span>
              <a v-else @click.prevent="handleUpdate">(update)</a>
            </p>`,
  data: () => ({
    updating: false,
  }),
  computed: mapState('messages', ['messages']),
  methods: {
    handleUpdate() {
      this.updating = true;
      this.$store.dispatch('messages/getMessages')
        .then(() => {
          this.updating = false;
        });
    }
  }
};
```

這裡並沒有太多的變動，但現在很清楚，模組已有其命名空間。

本章總結

在本章中，你已經看到如何運用 vuex 管理複雜的應用程式狀態，也瞭解下列幾個 vuex 的概念了：

- vuex 儲存區是所有零件——包括狀態、取用器、變異與動作——儲存的地方，透過儲存區可操作這些零件。

- 狀態是存放所有資料的物件。

- 取用器可讓你儲存要從儲存區擷取資料的通用邏輯。

- 變異以同步方式調整儲存區中的資料。

- 動作以非同步方式調整儲存區中的資料。

狀態、取用器、變異與動作也有輔助器可供你將之加進相對應的組件或具名的 mapState、mapGetters、mapMutations 與 mapActions 中。

最後，你也看到了如何透過模組將 vuex 儲存區拆分成邏輯區塊的方法。

第七章

測試 Vue 組件

將程式碼拆分成組件之後，編寫 app 的單元測試已變得容易許多。將程式碼分成獨立區塊並各司其職，每一個區塊還可以有一些選項可用——這種情形很適合作測試。對程式碼進行測試可以確保未來調整程式時，沒有變動的程式模組不會突然故障。進行中大型應用程式的開發時，你應該寫測試。

本章將先說明只以 Vue 測試組件的方法，接著再說明如何透過 vue-test-utils 讓語法更精緻。

本書不會說明如 Jasmine、Mocha 或 Jest 這類測試框架的用法。本章中大部分的測試碼是透過丟出錯誤（error）並運用瀏覽器控制台（console）來檢視的方式進行。要更深入瞭解以 JavaScript 編寫測試的方法，請參考 O'Reilly 出版 Evan Hahn 所著的 *JavaScipt Testing with Jasmine*（*http://oreil.ly/ZEgmw9*），或其他公開在網路上的文章。

簡單組件的測試

我們從簡單的組件開始進行測試——它是前面章節介紹過的 NotificationCount 組件的簡單版：

```
const NotificationCount = {
  template: `<p>
    Messages: <span class="count">{{ messageCount }}</span>
    <a @click.prevent="handleUpdate">(update)</a>
  </p>`,
  props: {
    initialCount: {
      type: Number,
```

```
      default: 0
    }
  },
  data() {
    return { messageCount: this.initialCount };
  },
  methods: {
    handleUpdate() {
      this.$http.get('/api/new-messages')
        .then((data) => {
          this.messageCount += data.messages.length;
        });
    }
  }
};
```

這個組件一開始會顯示存在 initialCount prop 中的通知數量，然後在更新連結被點按時，叫用一個 API 更新這個數量。

什麼是我們可以作測試的？我看到有三個地方可以寫測試：

- 我們可以測試初始的計數值是否正確顯示。

- 在更新連結被點按時，我們也要測試計數值是否能正確地更新。

- 最後，若操作 API 過程有錯誤發生時，該組件也要能順利地將狀況處理好（目前還沒能應付錯誤狀況）。

現在，我們先不處理更新功能部分的測試，先來處理初始計數值的測試。

要對 NotificationCount 組件進行測試，我們可以製作一個新的 Vue 實例，其中只加進 NotificationCount 這個子代：

```
const vm = new Vue({
  template: '<NotificationCount :initial-count="5" />',
  components: { NotificationCount }
}).$mount();
```

因為我們沒有寫帶有 el 屬性的 new Vue()，所以要手動叫用 .$mount()，讓 Vue 進行掛載程序。不這樣做的話，沒辦法妥善地測試組件。

vm 是 ViewModel 的縮寫，本書、vue-test-utils 文件以及 Vue.js 文件中，都以縮寫表示。

若將 vm 記錄（log）到控制台中，你就能看到它是一個帶有許多屬性的物件。目前我們所關心的只有 $el 屬性，這個元素是由 Vue 所產生的。

將 vm.$el.outerHTML 記錄到控制台中，會有底下的輸出：

```
<p>
    Messages: <span class="count">5</span>
    <a>(update)</a></p>
```

我們可以看到，初始值正確地被顯示出來，不過我們還是來寫些能在初始值無法正確顯示時丟出錯誤的程式碼，這樣就不用每次都要手動檢查 HTML 了。vm.$el 是一個標準的 DOM 節點，因此，我們可以在其上用 .querySelector()，找出 .count 這個佔位元素（span）：

```
const count = vm.$el.querySelector('.count').innerHTML;

if (count !== '5') {
  thrown new Error('Expected count to equal "5"');
}
```

若你之前有寫過測試，加入像 Chai 這類的斷言（assertion）程式庫，則可將第二部分簡化成你更為熟悉的形式：

```
const count = vm.$el.querySelector('.count').innerHTML;
expect(count).toBe('5');
```

現在，若顯示計數值不是 5，則錯誤會被丟出，測試則失敗。

vue-test-utils 介紹

前例的語法有點囉嗦，但這只是簡單的例子。更複雜的例子會牽涉到事件與仿型組件（mocked components），為了測試組件，你還是需要編寫比組件本身更多的程式碼！

Vue-test-utils 是用來協助你編寫測試的 Vue 官方程式庫，它提供像查詢 DOM、設定 props 與資料、製作仿型組件與其他屬性以及搭配事件處理這些編寫 Vue 組件時需重複執行的功能。

它沒辦法幫你執行測試（要作測試，需要用像 Jest 或 Mocha 這類的程式庫）或斷言（要作斷言，可用 Chai 或 Should.js），因此你需要另外將它們安裝好。本章不會涵蓋測試執行器（test runners）的主題。假設這裡應該要寫些能補捉錯誤的例外處理碼的話，我只會編寫一些會在測試失敗時丟出錯誤的程式碼。

你可以用 unpckg 或安裝其他程式庫所使用的 CDN 來安裝 vue-test-utils，不過通常你會用 npm 來進行安裝：

```
$ npm install --save-dev vue-test-utils
```

現在，在你的測試檔中，就可以匯入 vue-test-utils 並如下重寫測試了：

```
import { mount } from 'vue-test-utils'

const wrapper = mount(NotificationCount, {
  propsData: {
    initialCount: 5
  }
});

const count = wrapper.find('.count').text();
expect(count).toBe('5');
```

雖然程式碼沒能再更短一些——實際上，長度幾乎一樣——但它較容易閱讀。在較大的案例中，使用 vue-test-utils 來寫測試，程式碼會明顯短很多。

DOM 的查詢

在上例裡有一行敘述是：

```
wrapper.find('.count').text()
```

這行程式做了什麼？

首先，我們先回到 mount() 函式上。這個函式接收組件與一些選項——此例中只有 props 資料——然後傳回一個包裝器（*wrapper*），這是 vue-test-utils 所提供的物件，它可將一個已掛載組件包裝起來，讓我們在不需使用太多瀏覽器之原生 DOM 方法的情況下，可以執行操作並對組件進行查詢。

包裝器提供的方法中有一個 .find() 方法，它在搭配選取器（selector）使用時，會根據被包裝的元素（element）在 DOM 中找到第一個與選取器吻合的元素。基本上，就 DOM 元素而言，它等同於 .querySelector()。在 .find() 找到元素之後，它會傳回被其他包裝器包裝好的元素——而不是該元素本身。

> .find() 只回傳與選取器吻合的第一個元素，若你需要的不只一個，則必須使用 .findAll()。它會傳回一個 WrapperArray 物件而不是 Wrapper，二者所有的方法類似，但前者多了一個 .at() 方法，能回傳包裝器中索引值所代表的元素。

現在包裝器中我們已有 .count 這個佔位元素（span），我們還要有另一個能讀取元素內容以檢測它是否與測試值相等的方法。可在此運用的方法有二種，即 .html() 與 .text()，通常盡可能用 .text() 來做會比較好，我們在此用的就是它。

現在 .count 佔位元素的內容已存入變數中，可以用我們偏好的方法來測試它了。

你可以用不少方法對 DOM 進行查詢，閱讀本書的過程中，這些方法可能會有變動或有新的方法加進來，所以在此無法將它們全數列出來；請參考說明文件！

mount() 選項

你已看到我們可以提供一個物件作為給 mount() 的第二個參數，這可讓 Vue 知道該組件有哪些 props 可用，不過這樣做還可以在其上作更多的運用。你可以在 Vue.js 與 vue-test-utils 的說明文件中找到完整的可用項目列表，而在此我們只討論最有用的一些項目：

propsData（如你之前看過的）用來傳遞 props 給我們的組件：

```
const wrapper = mount(NotificationCount, {
  propsData: {
    initialCount: 5
  }
});
```

slots 用來傳遞組件或 HTML 字串給組件。現在要將第 58 頁 "具名槽（Named Slots）" 的部落格貼文組件掛載上來：

```
const wrapper = mount(BlogPost, {
  slots: {
    default: BlogContentComponent,
    header: 'Blog post title</h2>'
  },
  propsData: {
    author: blogAuthor
  }
});
```

mocks 用來為實例加進屬性。比方說，在本章的第一個範例中，我們透過 this.$http. get() 來傳送 HTTP 的要求。現在來為該 API 建一個仿型（mock）：

```
const wrapper = mount(NotificationsCount, {
  mocks: {
    $http: {
      get() {
        return Promise.resolve({ messageCount: 2 });
      }
    }
  },
  propsData: {
    initialCount: 0
  }
});
```

現在已不需叫用實際的 API（對單元測試而言會很不可靠而且也太慢），要叫用的是 this.$http.get('/api/new-messages')，它會回傳一個可直接處理的承諾（promise）。

listeners 是內含用作事件監聽器之函式的物件。通常不太會用到這個物件，因為用包裝器物件的 emitted 屬性已足夠，我們之所以在這裡用它的原因將在第 138 頁的 "搭配事件" 中說明：

```
const wrapper = mount(Counter, {
  listeners: {
    count(clicks) {
      console.log(`Clicked ${clicks} times`);
    }
  }
});
```

stubs 與 mocks 類似，但這裡不用仿型變數，我們可以用截段（stub）組件：

```
const wrapper = mount(TheSidebar, {
  stubs: {
    'sidebar-content': FakeSidebarContent
  }
});
```

如同之前說過的，我覺得只有一些選項好用：如果要找更多的可用選項，請參考官方說明文件。

仿型與截段資料

上一段擇要說明了 mocks 選項，它能讓你在實例中加入屬性以仿型（mock）Vue.fn 中的功能，讓它可在 Vue 實例中的任何位置使用。我們也說明了 stubs 選項，它能讓你加進虛構組件或 HTML，替代測試中真正的組件。這二種選項能減少組件中會發生變動的部分，進而降低測試的複雜度；也可以防範在你不小心把一個組件改壞時，測試中所有用到該組件的其他組件也跟著故障的狀況！

你還可以用四個 .set*() 方法來設定組件中的 props、資料、計算屬性與方法。.setComputed() 與 .setMethods() 用來覆寫（overriding）計算屬性與方法，也可以簡化需要仿型之後可能會叫用到之方法的程序。

比方說，與其覆寫 NotificationsCount 方法中 this.$http.get() 函式，我們可以覆寫整個 handleUpdate 方法，以在訊息計數上加 2：

```
const wrapper = mount(NotificationsCount, {
  propsData: {
    initialCount: 0
  }
});

wrapper.setMethods({
  handleUpdate() {
    this.messageCount += 2;
  }
});
```

這樣做的時候要注意——它會讓你的測試變得相當脆弱——但若謹慎運用之，它是一個很好用的功能。

setComputed() 的行為也類似如此,不過你要指定一個值給它而不是一個函式:

```
const wrapper = mount(NumberTotal);

wrapper.setComputed({
  numberTotal: 16
});
```

搭配事件

最後,vue-test-utils 也有方便你處理事件的功能。我覺得這是 vue-test-utils 最好用的功能:沒有這個程式庫的話,會很麻煩。

首先,我們先來看如何在一個組件上觸發事件。我們已有內含連結以更新訊息計數的 NotificationCount 組件:接著寫一個可點按連結,然後再檢查事件是否被觸發的測試。

要檢測連結是否被點按,我們要仿造出帶有能傳回承諾(像之前那個)的 this.$http,但也要將一個變數設定成 true 以顯示它有被叫用:

```
let clicked = false;

const wrapper = mount(NotificationsCount, {
  mocks: {
    $http: {
      get() {
        clicked = true;
        return Promise.resolve({ messageCount: 1 });
      }
    }
  },
  propsData: {
    initialCount: 2
  }
});
```

現在,當更新被觸發後,clicked 的值應會變成 true。

包裝器物件有 .trigger() 方法,我們可以用來觸發點按事件:

```
wrapper.find('a').trigger('click');
```

現在，我們可以檢測 clicked 是否為 true——若否，則測試失敗：

```
expect(clicked).toBe(true);
```

最後，我們要來看如何能得知組件所觸發的自定事件是哪一個。每個包裝器物件會儲存所有在其上被發送（emitted）出來的事件，你可以用 .emitted() 方法來存取它。它非常好用，也表示你無須操心是否需要添加事件監聽器：它們已全部被攔截（captured）到了！

在第 61 頁 "自定事件" 中，你曾看過名為 Counter 的組件，在它每次被點按時都能發送出內含被點按次數的 count 事件。我們來寫個測試，檢查這個數字是否準確：

```
const wrapper = mount(Counter);

// 點按三次
wrapper.find('button').trigger('click');
wrapper.find('button').trigger('click');
wrapper.find('button').trigger('click');

const emitted = wrapper.emitted();

expect(emitted.count).toBeTruthy();
expect(emitted.count.length).toBe(3);

expect(emitted.count[0]).toBe(1);
expect(emitted.count[1]).toBe(2);
expect(emitted.count[2]).toBe(3);
```

我們可以看到不只事件有被發送出來，其中的酬載與被發送的順序也都有被發送出來。對會發送事件之組件進行除錯時，這就很好用。

emittedByOrder() 方法具有同樣的行為，但其中所帶的是陣列，因此你可以看到所有被發送事件的順序，而不只有名稱相同的事件。

本章總結

在最終章裡，你看到如何運用另一個名為 vue-test-utils 的 Vue 官方程式庫，為本書中所介紹的 Vue 組件編寫單元測試。這個程式庫包裝了你的 Vue 組件，並提供有用的方法讓你為組件、程式庫與屬性（properties）做截段（stub）或仿型（mock）。它也能傳入仿型（mock）資料與 props、存取並操作所產生的元素，並觸發與攔截事件。

架設 Vue

從無到有地設定好帶有建置工具（build tool）、測試與編寫大型應用程式所需之程式庫的 Vue，會是每一個人應該至少嘗試過一次的學習歷程。不過，說真的，這個過程很痛苦，而且也不見得每次架設都得要這麼做才行。你可以透過幾種方式架設出一個具完整 Vue 功能的環境，而且也不需要你自己動手一步步設定，這個短附錄會說明一些架設 Vue 的方法。

vue-cli

vue-cli 能讓你用一些現有的樣版（templates），很快地架設出 Vue 的應用程式。我幾乎都用這種方法設定好每一個 Vue 專案。

以下列指令安裝 vue-cli：

```
$ npm install --global vue-cli
```

接著選取你要安裝的樣版，然後執行 npm init [樣版名稱]，若要使用 webpack 樣版，可執行下列指令：

```
$ vue init webpack
```

設定輔助精靈會問你一些問題以完成安裝，如儲存專案的位置、要安裝哪些程式庫與一些 npm 的設定。

底下是設定過程的畫面，不同樣版的設定畫面內容會有些差異：

```
> vue init webpack

? Generate project in current directory? Yes
? Project name vue-test
? Project description A Vue.js project
? Author Callum Macrae <callum@macr.ae>
? Vue build standalone
? Install vue-router? No
? Use ESLint to lint your code? No
? Setup unit tests with Karma + Mocha? No
? Setup e2e tests with Nightwatch? No

  vue-cli · Generated "vue-test".

  To get started:

    npm install
    npm run dev

Documentation can be found at https://vuejs-templates.github.io/webpack
```

裝好新專案所需的相依程式庫（dependencies）後，你就可以執行樣版的啟動指令（若是 webpack 樣版的話，啟動指令為 npm run dev），接著再進行一些組態設定後，就有一套設定好的應用程式樣版可供你發揮了。

有幾套官方提供的 Vue 樣版可供選用。它們都存放在 GitHub 的 vuejs-templates 裡頭。在本書編寫時，有六個樣版可供選用，我們以其在 GitHub 上獲得的星星數為順序，依序介紹於下：

webpack

Webpack 是 GitHub 上獲得最多星的樣版，也是使用人數最多的樣版。它提供帶有 vue-loader 且具完整功能的 webpack 安裝，可產生單檔組件（.vue 檔），支援即時模組重載（hot module reloading）、程式碼查驗（linting），若你需要的話，也可以幫你設定好 vue-router、單元測試與功能測試（functional tests）。

pwa

這個樣版建構於 webpack 樣版上，webpack 能做的它都能做，除此之外，它還能將應用程式架設成漸進式網頁應用程式（progressive web application）——即可離線使用且具適合在行動裝置上操作之界面的網頁應用程式。

webpack-simple

這個樣版與 webpack 類似，但更簡單。它只提供帶有 vue-loader 及其他基本載入器（loader）之簡單的 webpack 安裝，不過並不會安裝任何像即時模組重載、程式碼查驗或任何 webpack 樣版會安裝的選用模組。

我不建議使用這個樣版。若你要找的是簡單一點的樣版，用 webpack 樣版並在詢問安裝選項時，選取 "No" 即可。這個樣版不是用來製作產品版軟體（production）的，若你想做的專案不只是雛型，那麼弄好之後，你還得用 webpack 再重新來過。

simple

這個簡單樣版只內含一個 HTML 檔與一個 CSS 檔。相當容易，適合無須用到建構系統（build system）的場合使用。

browserify

browserify 樣版提供一套完整的 Browserify 安裝。它提供 vueify 讓你搭配 Browserify 來運用單檔組件、即時模組重載、程式碼查驗、選用之 vue-router、單元測試以及功能測試。

browserify-simple

與 webpack-simple 類似，是 browserify 樣版的最小版本。

自製樣版

你也可以自製樣版。若上述樣版都不適用，或每次使用上述的某樣版時都要改一些相同的設定（比方說，我總是會在 webpack 樣版建置出的檔案中加分號），那你最好自製樣版。你可以用現有的樣版來改，或全部從頭開始寫；vue-cli 的說明文件有教你怎麼自製樣版。

Nuxt.js

若要找 vue-cli 的替代方案，則還有 Nuxt.js 可用來架設你的 Vue 應用程式。它可以讓你在無須做太多設定的情況下，創建客戶端應用程式。它會透過 webpack 與 Babel 設定好 Vue、vue-router、vuex、vue-meta（用來簡化如網頁標題這類的設定）。它也會設定伺服端的渲染（rendering）、程式碼自動分拆（automatic code splitting）、CSS 預處理、靜態檔案伺服與其他許多有用的功能。

從 React 轉 Vue

若你曾使用過 React，也許你已經熟悉許多 Vue 的概念了。我在這個附錄中編列了二框架間的一些相同與相異之處。這個部分以實際範例來說明：以範例說明會比我直接寫程式碼更容易讓你瞭解二者的不同！

起步

Vue 與 React 都有提供類似的工具，協助你架設簡單的應用程式。React 的是 create-react-app，它會設定好用來建構 React 應用程式的 webpack 組態（configuration），而且你無須操心這些組態的設定。Vue 的則是 vue-cli，提供幾種可用來以 webpack、Browserify 安裝 Vue 的樣版，它也可讓你不使用任何建置工具（build tool），自行建構應用程式。若你需要的話，Vue-cli 樣版的組態也可以另做設定，它也會設定好 vue-router、單元測試以及功能測試（但非 vuex）——這些是 create-react-app 沒有提供的。

你也可自建樣版來搭配 vue-cli 的使用。在附錄 A 中可找到更多關於 vue-cli 與可用樣版的資訊。

既使要進行的是簡單架設，二者間還有一個差異存在。若不用建置工具，React 就沒辦法運行地很好，因為在沒有解析器（parser）的情況下，你沒辦法寫 JSX；瀏覽器並不支援。幾乎所有的 React 專案都採用 webpack，用 Browserify 的話會受到一些限制。Vue 並不需要 JSX（雖然你還是可以使用），所以既使不用建置工具，你還是可以在瀏覽器中使用。大部分的專案不會這樣做，因為所有的專案大都需要模組打包器（module bundler）與 ES2015 的轉譯器（transpiler），不過也有不用建置工具進行應用軟體的架設這個選項還是滿不錯的。對初學者而言也很有幫助,因為在進行複雜的架設過程前,就可以先試著寫寫 Vue。

相似之處

React 與 Vue 之間有許多相似之處。Vue 擷取 Angular 與 React 的優點並將之整合,所以若你很喜歡 React 的某些功能,可能 Vue 也有。底下說明並示範二者間的一些相似之處。

組件

React 與 Vue 都是重度組件導向(component-driven)的框架。運用組件是很好的編程方式:它可讓你將應用程式拆解成合理、可複用(reusable)的區塊,每一個區塊負責應用程式不同的部分。組件也方便測試工作的進行。React 與 Vue 中的每一個組件都有自己的狀態:在 React 中,它被稱為 *state*,以 setState() 來存放。在 Vue 中,它被稱為 *data*,透過 data 物件的變異來存放。你也可以將資料傳進組件,二框架的作法基本上相同,也都是運用 *props* 來傳遞資料。在語法上有些不同,我們在第 151 頁 "相異之處" 會提到。

我們來看一個能接收使用者 ID,將它視為 prop,然後叫用 API 並在頁面中顯示回傳之使用者資料的簡單組件。

底下是 React 的組件:

```
class UserView extends React.Component {
  constructor(props) {
    super(props);

    this.state = {
      user: undefined
    };

    fetch(`/api/user/${this.props.userId}`)
      .then((res) => res.json())
      .then((user) => {
        this.setState({ user });
      });
  },
  render() {
    const user = this.state.user;
```

```
    return (
      <div>
        { user ? (
          <p>User name: {user.name}</p>
        ) : (
          <p>Loading??/p>
        ) }
      </div>
    );
  }
};

UserView.propTypes = {
  userId: PropTypes.number
};
```

底下所列是 Vue 的組件：

```
const UserView = {
  template: `
    <div>
      <p v-if="user">User name: {{ user.name }}</p>
      <p v-else>Loading...</p>
    </div>`,
  props: {
    userId: {
      type: Number,
      required: true
    }
  },
  data: () => ({
    user: undefined
  }),
  mounted() {
    fetch(`/api/user/${this.userId}`)
      .then((res) => res.json())
      .then((user) => {
        this.user = user;
      });
  }
};
```

二組件的叫用方式類似。

在 React 中：

```
<UserGuide userId={10} />
```

在 Vue 中：

```
<UserGuide :userId="10" />
```

React 與 Vue 都採單向的資料流（data flow）。你可以透過 props 將資料傳進組件，但不能直接修改 props。

響應性

React 與 Vue 也都有類似的響應性機制（reactivity mechanisms）。響應性（Reactivity）是 React 最棒的功能之一，很高興 Vue 也有這個機制！

在你更新 React 的狀態或 Vue 的資料，或在某個 prop 或某個程式庫正監看著的東西有變動時，所有依賴該值的地方都會被更新。比方說，若有以 prop 形式傳進組件的狀態要顯示在 DOM 中，狀態改變時，該 prop 會自動更新，而內部組件（inner component）也會知道該 prop 的值有變，進而在 DOM 中更新對應的值。

我們來做一個簡單的組件，它能從 0 開始算被掛載的次數，然後將該計數顯示給使用者看。

底下是 React 的寫法：

```
class TickTock extends React.Component {
  constructor(props) {
    super(props);

    this.state = {
      number: 0,
    };
  },
  componentDidMount() {
    this.setInterval(() => {
      this.setState({
        number: this.state.number + 1
      });
    }, 1000);
  },
  componentWillUnmount() {
    clearInterval(this.counterInterval);
  },
```

```
  render() {
    return (
      <p>{this.state.number} seconds have passed</p>
    );
  }
};
```

底下是 Vue 的寫法:

```
const TickTock = {
  template: '<p>{{ number }} seconds have passed</p>',
  data: () => ({
    number: 0,
    counterInterval: undefined,
  }),
  mounted() {
    this.counterInterval = setInterval(() => {
      this.number++;
    }, 1000);
  },
  destroyed() {
    clearInterval(this.counterInterval);
  }
};
```

在這二個範例中,我們加進一些邏輯以清除組件被銷毀的時間。這是為了避免記憶體洩漏(memory leaks)。

順著寫下來就到了下一個主題:生命週期掛接(life-cycle hooks)。

生命週期掛接

在二套程式庫中,組件被加進或移出 DOM 的方式很類似,二套程式庫中也都有一些方法可讓你加入一些能在組件生命週期中的不同時點執行的程式碼。

創建 (Creating)

組件會先被創建出來然後再被加進 DOM 中。在 React 裡,你可以用下列四種掛接:

constructor()

在組件被掛載(mounted)前叫用。

`componentWillMount()`

    在組件將被掛載前叫用。

`render()`

    組件被掛載後叫用,而 JSX 也是在這裡回傳。

`componentDidMount()`

    組件掛載完成後立即叫用。

在 Vue 中,你也有四種掛接可用,不過它們做的事有些不同:

`beforeCreate()`

    組件初始化之前叫用。

`created()`

    組件初始化完成後,被加進 DOM 之前叫用。

`beforeMount()`

    該元素被加進 DOM 後叫用。

`mounted()`

    該元素被創建之後(不必然要加進 DOM——可用 `nextTick()` 來將之加入)叫用。

更新 (Updating)

組件被創建並加進 DOM 之後,若資料有變的話,組件會隨即跟著更新。

在 React 中,你有底下五種函式可用:

`componentWillReceiveProps()`

    在組件之 props 更新前叫用。

`shouldComponentUpdate()`

    叫用此函式以判斷該組件是否需要更新。

`componentWillUpdate()`

    在組件將被更新時叫用。

render()

　　叫用此函式以產生組件應該回傳的標註內容（markup）。

componentDidUpdate()

　　在組件更新完成後叫用。

在 Vue 中你只有二個掛接可用：

beforeUpdate()

　　在組件將被更新前叫用。

updated()

　　在組件更新完成後叫用。

在 React 中，shouldComponentUpdate() 通常在運用其他程式庫來操作 DOM 時叫用，它與 React 搭配得不太好——它常會把有變動的地方覆寫（overwrites）掉，除非你明確要它不覆寫這些資料！它也被用來對組件渲染作最佳化。在 Vue 中，通常不會有這個問題，它跟其他程式庫搭配得很好，也會自動處理最佳化的工作。若你要在資料變動時，不讓 Vue 再次更新某組件的話，則要在其中加入 v-once 屬性，通知 Vue 這邊只要渲染一次即可。

設定 CSS 類別

React 有一個常用的程式庫，可協助你設定名為 *class-names* 的類別屬性。它的使用方式如下：

```
<div className={classNames('foo', { bar: isBar })}>...</div>
```

Vue 有類似東西，但它是內建的。v-bind:class，簡寫為 :class，並不只支援敘述，也可支援使用物件與陣列：

```
<div :class="['foo', { bar: isBar }]">...</div>
```

相異之處

除了有相似之處外，React 與 Vue 間也有相異之處。在這裡我不會涵蓋所有二者間的細微差異——語法的差異、方法名稱的差異——我只會提到一些基本的差異之處。

變異 (Mutation)

二框架間的基本差異在於，在 React 中，改變狀態是非常不建議你做的事，但在 Vue 中，替換或改變資料則是更新狀態的唯一方式！我們也看一下在 Redux 與 vuex 中的情況——在 Redux 中，要更改儲存區（store）時，你要先產生一個新的儲存區，而在 vuex 中，你可以對現有的儲存區進行修改。稍後在本附錄中會再討論，現在我們先來談組件狀態。

在 React 中，要用 setState 來更新組件的狀態：

```
this.setState({
  user: {
    ...this.state.user,
    name: newName
  }
})
```

新組態會被合併（使用淺層的合併方式）進狀態物件中。

在 Vue 中，可直接修改資料：

```
this.user.name = newName;
```

在這樣做之前還是要注意：你要確認 user 物件中已定義有 name 屬性，而且你不能直接更改陣列中的項目，要用 splice 將舊項目移除，再用新項目來替換。要解決這個問題，可以用 Vue.set() 方法來處理：

```
Vue.set(this.user, 'name', newName);
```

一般而言，你不需要操心這些，不過若執行時發現有東西沒有更新，問題可能就出在這裡。你可以在第 15 頁 "響應性" 中找到響應性在 Vue 中的運用方式以及運用時要注意的事項。

JSX 與樣版

React 與 Vue 間另一個基本差異是讓資料呈現在網頁中的方法。在 React 中，我們都知道用的是 JSX，它是 Facebook 開發出的語法，用來在 JavaScript 中直接編寫 HTML。而在 Vue 中，你可以選用 JSX，但多數的開發者會選擇用樣版來做。樣版有類似 Angular 的語法，內含指令（directives）與資料綁定（data binding）。

在 React 中，要用陣列產生 HTML 列表的程式碼如下：

```
render() {
  return (
    <ul>
      {this.state.items.map((item) => (
        <li className={classNames({ active: item.selected })}>
          {item.text}
        </li>
      ))}

      {this.state.items.length ? null : (
        <li>There are no items</li>
      )}
    </ul>
  );
}
```

其中有許多地方可以改寫。

在 Vue 中，樣版長得像這樣：

```
<ul>
  <li v-for="item in items" :class="{ active: item.selected }">
    {{ item.text }}
  </li>
  <li v-if="!items.length">There are no items</li>
</ul>
```

雖然在寫 React 時我喜歡用 JSX，但我較喜歡樣版語法。若你真的比較習慣用 JSX 的話，也可以在 Vue 裡頭用它來寫介面：

```
render(h) {
  return (
    <ul>
      {this.items.map((item) => (
        <li class={{ active: item.selected }}>
          {item.text}
        </li>
      ))}

      {this.items.length ? null : (
        <li>There are no items</li>
      )}
    </ul>
  );
}
```

請參考第 4 章，以瞭解如何在應用程式中把這些都設定妥當。

CSS 模組

最後一個主要的差異是，在 Vue 中編寫 CSS 的方式。React 並沒有內建的方式可以用來寫 CSS，不過倒是經常透過 CSS 模組來寫：

在 React 中，可以像這樣子來寫 CSS 模組：

```
.user {
  border: 2px #ccc solid;
  background-color: white;
}

.name {
  font-size: 24px;
}

.bio {
  font-size: 16px;
  color: #333;
}
```

而搭配的 JSX 則必須寫成：

```
import styles from './styles.css';

// ...

render() {
  return (
    <div className={styles.user}>
      <h2 className={styles.name}>{user.name}</h2>
      <p className={styles.bio}>{user.bio}</p>
    </div>
  );
}
```

Vue 也支援 CSS 模組，而且不需要安裝任何外掛（plug-ins），也不需另外設定建置工具的組態。在 Vue 中，可以像這樣子來寫 CSS 模組（要寫在單檔組件中）：

```
<template>
  <div :class="$style.user">
    <h2 :class="$style.name">{{ user.name }}</h2>
    <p :class="$style.bio">{{ user.bio }}</p>
```

```
    </div>
  </template>

  <style module>
    .user { ... }
    .name { ... }
    .bio { ... }
  </style>
```

不過你會更常看到其他人在 Vue 中用的是域內 CSS（scoped CSS）。域內 CSS 會在組件要輸出的每個元素中加入隨機資料屬性（random data attribute），然後再將它加到每一個 CSS 選取器的尾端。所有你在 `<style>` 標籤中寫的 CSS 只會套用在該組件所產生的元素上。

用域內 CSS 改寫前例如下：

```
  <template>
    <div class="user">
      <h2 class="name">{{ user.name }}</h2>
      <p class="bio">{{ user.bio }}</p>
    </div>
  </template>

  <style scoped>
    .user { ... }
    .name { ... }
    .bio { ... }
  </style>
```

雖然我們用的是可套用在組件外其他元素上的通用類別名稱，但在樣式標籤中的 CSS 只會套用在該元素中的 HTML 上。因此，我還是建議你用較長、較易分辨的類別名稱！

域內 CSS 可與 SCSS 及其他 CSS 預處理器搭配，也可以嵌套（nesting）著使用。

生態體系

因為廣受喜愛與普遍使用的關係，React 具有龐大的生態體系。反觀 Vue，這個較新且還未普及的框架，它還沒有這種規模的生態體系或社群——儘管它愈來愈好，每天都有成長，而且比 React 生態體系的成長速度還快。

麻煩的是，React 的生態體系，特別對如路由（routing）這類關鍵性工作的支援方面，常常是很混雜的。有幾種 React 路由的解決方案可用 —— 雖然 react-router 是最常用的 —— 相對地，Vue 只有 vue-router 這一種。即使 Facebook 放手讓社群去開發幾乎除了 React 本身外的所有元件，但 Vue 的主導人物也包辦了 vue-router、vuex、vue-test-utils、vue-cli 以及未來可能出現的官方工具的打造。

實務上，若用的是由 Vue 官方外掛（路由、狀態管理與測試）所提供的功能，你會有很好的體驗，而且也不需要去東挑西選的。若使用的不是官方外掛所提供的功能（國際化（internationalization）與 HTTP 資源管理），你的體驗就會比用 React 來得糟，這是因為其生態體系較完善的關係。

底下我們來看看官方外掛可以幫我們做什麼事。

路由 (Routing)

在 React 中，我們可以透過幾種方式來處理路由，不過，到目前為止最常被使用的是 react-router。這個程式庫用 JSX 指定要顯示到網頁中，符合給定路由的組件。

react-router 支援的路由器寫法如下：

```
const app = () => (
  <Router history={hashHistory}>
    <Route path="/" component={PageHome} />
    <Route path="/user/:userId" component={PageUser} />

    <Route path="/settings" component={PageSettings}>
      <Route path="/profile" component={PageSettingsProfile} />
      <Route path="/email" component={PageSettingsEmail} />
    </Route>
  </Router>
);
```

在 Vue 中，有一個官方程式庫負責處理路由：即 vue-router。它並不使用 JSX，而是透過物件來設定路由器。與上例功能相同的路由器可以這樣寫：

```
const router = new VueRouter({
  mode: 'history',
  routes: [
    {
      path: '/',
      component: PageHome
    },
```

```
    {
      path: '/user/:userId',
      component: PageUser
    },
    {
      path: '/settings',
      component: PageSettings,
      children: [
        {
          path: 'profile',
          component: PageSettingsProfile
        },
        {
          path: 'email',
          component: PageSettingsEmail
        }
      ]
    }
  ]
});
```

這二個程式庫做的事一樣，只是做法不同。

狀態管理

React 中最常被使用的狀態管理程式庫是 *Redux*，Vue 中的對應程式庫則是官方的外掛 vuex。二者所運用的方法基本上相同，都是提供一個可供儲存與修改資料的全域儲存區。若你已熟悉 Redux，vuex 就不會有問題，反之亦然；二者間唯一的不同是術語及之前討論過的變異。

使用 Redux 的話，你會有一個存放狀態的儲存區。你可以直接存取狀態，或透過 react-redux 用中介軟體（middleware）中的 mapStateToProps 函式，將狀態視為 props 來存取。要更新狀態的話，可使用還原器（reducer）來產生一個新狀態。還原器是同步的，要能進行非同步的調整，你可以選擇在組件中進行調整，或者像 redux-thunk 這類的外掛將非同步動作（actions）加進應用程式中。

運用 vuex，你就可以有內含狀態的儲存區，可以直接存取狀態，但還是不能直接去修改：要修改其中的狀態，得要透過變異，即儲存區中具有的特別方法，才能更改資料。不過，變異只能同步進行，要以非同步方式來作調整的話（如將 API 回傳的資料更新到儲存區中），必須使用動作。做這些事並不需要用到任何額外的外掛——只需 Vue 與 vuex 即可。

我們來做一個可存放使用者列表的儲存區。

用 Redux 來做：

```
import { createStore, applyMiddleware } from 'redux';
import thunk from 'redux-thunk';

const initialState = {
  users: undefined
};

const reducer = (state = initialState, action) => {
  switch (action.type) {
    case 'SET_USERS':
      return Object.assign({}, state, {
        users: action.payload
      });

    default: return state;
  }
};

const store = createStore(reducer, applyMiddleware(thunk))
```

然後在另一個動作檔中寫：

```
export function updateUsers() {
  return (dispatch, getState) => {
    return fetch('/api/users')
      .then((res) => res.json())
      .then((users) => dispatch({ type: 'SET_USERS', payload: users }));
  };
};
```

用 vuex 來做的話則是：

```
const store = new Vuex.Store({
  state: {
    users: undefined
  },
  mutations: {
    setUsers(state, users) {
      state.users = users;
    }
  },
  actions: {
    updateUsers() {
```

```
      return fetch('/api/users')
        .then((res) => res.json())
        .then((users) => this.setUsers(users));
    }
  }
});
```

在 React 與 Vue 中，於組件內使用儲存區的方式差異不小。

在 React 中，你要在 Redux 中介軟體（middleware）中把整個組件包裝起來，它需要傳入 mapStateToProps 與 mapDispatchToProps 參數，也會將動作與狀態以 props 形式傳入組件中。

底下是在 React 中更新使用者資料，並從儲存區擷取資料的寫法：

```
import { connect } from 'react-redux';
import { updateUsers } from './actions';

class UserList extends React.Component {
  componentDidMount(state, { updateUsers }) {
    updateUsers();
  },
  render({ users }) {
    return (
      ...
    );
  }
}

const mapStateToProps = ({ users }) => users;
const mapDispatchToProps = { updateUsers };

export default connect(mapStateToProps, mapDispatchToProps)(UserList);
```

這個組件會在被掛載後去抓使用者資料，然後在資料載入後，透過 users 來使用，經過 Redux 中介軟體處理後，狀態已被對應成 props 了。

運用 Vue 與 vuex 的組合則較簡單，因為其生態體系搭配得很好。你不需要在組件中加進任何特別的東西；透過 this.$store 就可以存取資料。

底下是前例的 Vue 對應版：

```
const UserList = {
  template: '...',
  mounted() {
    this.$store.dispatch('updateUsers');
  },
  computed: {
    users() {
      return this.$store.state.users;
    }
  }
};
```

這個組件會在被掛載後取得使用者資料，然後這些資料會被載入，接著就可以用 this.
users 來存取。

vuex 也提供輔助器函式以避免重複編寫程式碼。第 5 章有關於 vuex 的更多資訊。

單元測試組件

通常我們會用 Enzyme 來對 React 組件進行單元測試。*Enzyme* 是由 Airbnb 發佈的一套程式庫，用來讓組件的掛載與測試工作更加容易。

Enzyme 的測試大概像這樣：

```
import { expect } from 'chai';
import { shallow } from 'enzyme';
import UserView from '../components/UserView.js';

const wrapper = shallow(<UserView />);
expect(wrapper.find('p')).to.have.length(1);

const text = wrapper.find('p').text();
expect(text).to.equal('User name: Callum Macrae');
```

Vue 有 vue-test-utils 這種類似的程式庫。如 Enzyme，它讓掛載組件、巡檢 DOM 結構與執行測試的工作變得更容易。

底下是類似的測試，但用來測試 Vue 組件的是 vue-test-utils：

```
import { expect } from 'chai';
import { shallow } from 'vue-test-utils';
import UserView from '../components/UserView.vue';

const wrapper = shallow(UserView);
expect(wrapper.contains('p')).toBe(true);

const text = wrapper.find('p').text();
expect(text).toBe('User name: Callum Macrae');
```

如你所見，二者語法類似，想要轉換成另一種方法的話，也不會太難。

索引

關於作者

Callum Macrae 是一位 JavaScript 的開發者,也是一位在英國倫敦附近活動的音樂家。他任職於 SamKnows,致力於讓互聯網更快速的相關工作上。目前的興趣是運用 Vue 與 SVGs 進行應用的開發(雖沒辦法完全都兼顧到)。他經常為 gulp 與自己的開源專案貢獻心力,這些專案可在 GitHub(*https://github.com/callumacrae*)與 Twitter(*https://twitter.com/callumacrae*)(*@callumacrae*)上取得。

出版記事

本書封面上的動物是歐洲黑鳶(European black kite,學名為 *Milvus migrans migrans*)。這種晝夜都會出現的猛禽遍佈於歐洲中部與東部、地中海區域,夏季也會出現在蒙古和巴基斯坦西部,冬季則在非洲撒哈拉以南的區域過冬。

黑鳶的活動範圍廣、環境適應能力強且願意撿食腐肉,是 Accipitridae 族系(包括鵟、鷹、鳶、舊大陸禿鷲和鷂)中數目最多的物種,目前估計全球約有 600 萬隻。牠們以其頭部的白色羽毛、分叉的尾巴、翅膀明顯不同的角度以及獨特的叫聲——尖銳、口吃似地嘶鳴,與其他亞種有明顯的區別。

許多 O'Reilly 書籍封面上所介紹的動物都處於滅絕的危機當中;這些動物對世界而言都很重要。請造訪 *animals.oreilly.com* 網站,瞭解如何能在這方面貢獻自己的心力。

封面圖片取自於 *British Birds*。

Vue.js 建置與執行

作　　者：Callum Macrae
譯　　者：陳健文
企劃編輯：蔡彤孟
文字編輯：江雅鈴
設計裝幀：陶相騰
發 行 人：廖文良

發 行 所：碁峰資訊股份有限公司
地　　址：台北市南港區三重路 66 號 7 樓之 6
電　　話：(02)2788-2408
傳　　真：(02)8192-4433
網　　站：www.gotop.com.tw
書　　號：A588
版　　次：2018 年 11 月初版
　　　　　2020 年 10 月初版四刷
建議售價：NT$480

國家圖書館出版品預行編目資料

Vue.js 建置與執行 / Callum Macrae 原著；陳健文譯. -- 初版. --
　　臺北市：碁峰資訊, 2018.11
　　　面；　公分
　　譯自：Vue.js: up and running : building accessible and
performant web apps
　　ISBN 978-986-476-983-4(平裝)
　　1.Java Script(電腦程式語言)
312.32J36　　　　　　　　　　　　　　　　107020371

讀者服務

● 感謝您購買碁峰圖書，如果您對本書的內容或表達上有不清楚的地方或其他建議，請至碁峰網站：「聯絡我們」\「圖書問題」留下您所購買之書籍及問題。(請註明購買書籍之書號及書名，以及問題頁數，以便能儘快為您處理)
http://www.gotop.com.tw

● 售後服務僅限書籍本身內容，若是軟、硬體問題，請您直接與軟體廠商聯絡。

● 若於購買書籍後發現有破損、缺頁、裝訂錯誤之問題，請直接將書寄回更換，並註明您的姓名、連絡電話及地址，將有專人與您連絡補寄商品。